Grundwerte am Einfeldbalken

Tabellen zur Berechnung von Durchlaufträgern und Rahmen einschließlich vorgespannter Balken

Von

Günter Baum

Dipl.-Bauing. E. T. H. / S. I. A. Zürich

Mit 59 Abbildungen

Springer-Verlag

Berlin / Heidelberg / New York

1965

ISBN-13: 978-3-642-49221-1 e-ISBN-13: 978-3-642-49220-4
DOI: 10.1007/ 978-3-642-49220-4

Softcover reprint of the hardcover 1st edition 1965
Library of Congress Catalog Card Number: 65-16103

Titel Nr. 1255

Vorwort

Im Zuge der allgemeinen Rationalisierungsmaßnahmen sind in neuerer Zeit auch statische Berechnungen von den elektronischen Rechenzentren programmiert worden. Die Zahl der Probleme, die mit Vorteil auf diese Art gelöst werden können, ist jedoch noch sehr begrenzt, teils wegen der verhältnismäßig hohen Kosten, teils wegen der Wartefristen, denen sich der Statiker nach der Zusammenstellung der Daten zwangsläufig unterziehen muß, und schlußendlich auch deshalb, weil die Programmierungsmöglichkeit der Computer begrenzt ist.

Will man dennoch die statischen Berechnungen rationalisieren, so drängt sich ein anderer Weg auf: Alle Balkentragwerke – seien es Durchlaufträger oder Rahmentragwerke – basieren rechnerisch auf eingespannten oder frei gelagerten Einzelfeldern. Können hier die Ausgangswerte (Grundwerte) schnell und fehlerfrei ermittelt werden, so ist ein wesentlicher Teil der Rechenarbeit bereits geleistet. Das vorliegende Werk hat sich zur Aufgabe gestellt, dem Statiker diese Werte zu liefern. Es wurde versucht, in möglichst umfassender Weise alle Belastungsfälle zu behandeln, die in der Praxis auftreten können. Dabei ist es ganz natürlich, daß ein Fall häufiger, der andere seltener auftritt. Das umfassende Programm soll dem Benützer des Werkes jedoch ermöglichen, nach einer kurzen Einarbeitungszeit stets mit dem gleichen Rechenschema zu arbeiten, wobei ihm die Wahl der Methode frei bleibt.

Das vorliegende Werk ist entstanden als laufende Erweiterung von Tabellen, die ich für mein eigenes Ingenieurbüro zusammengestellt habe; es ist aus der Praxis für die Praxis geschrieben worden.

An dieser Stelle möchte ich Herrn Dipl.-Ing. H. Dalsheim für die wertvollen Hinweise danken, die er mir während der Behandlung der Grundwerte für den Fall der Vorspannung des Betons gegeben hat.

Besonderer Dank gebührt dem Verlag für die zweckdienliche und schöne Darstellung in Buchform.

Zürich, im November 1964

Günter Baum

Inhaltsverzeichnis

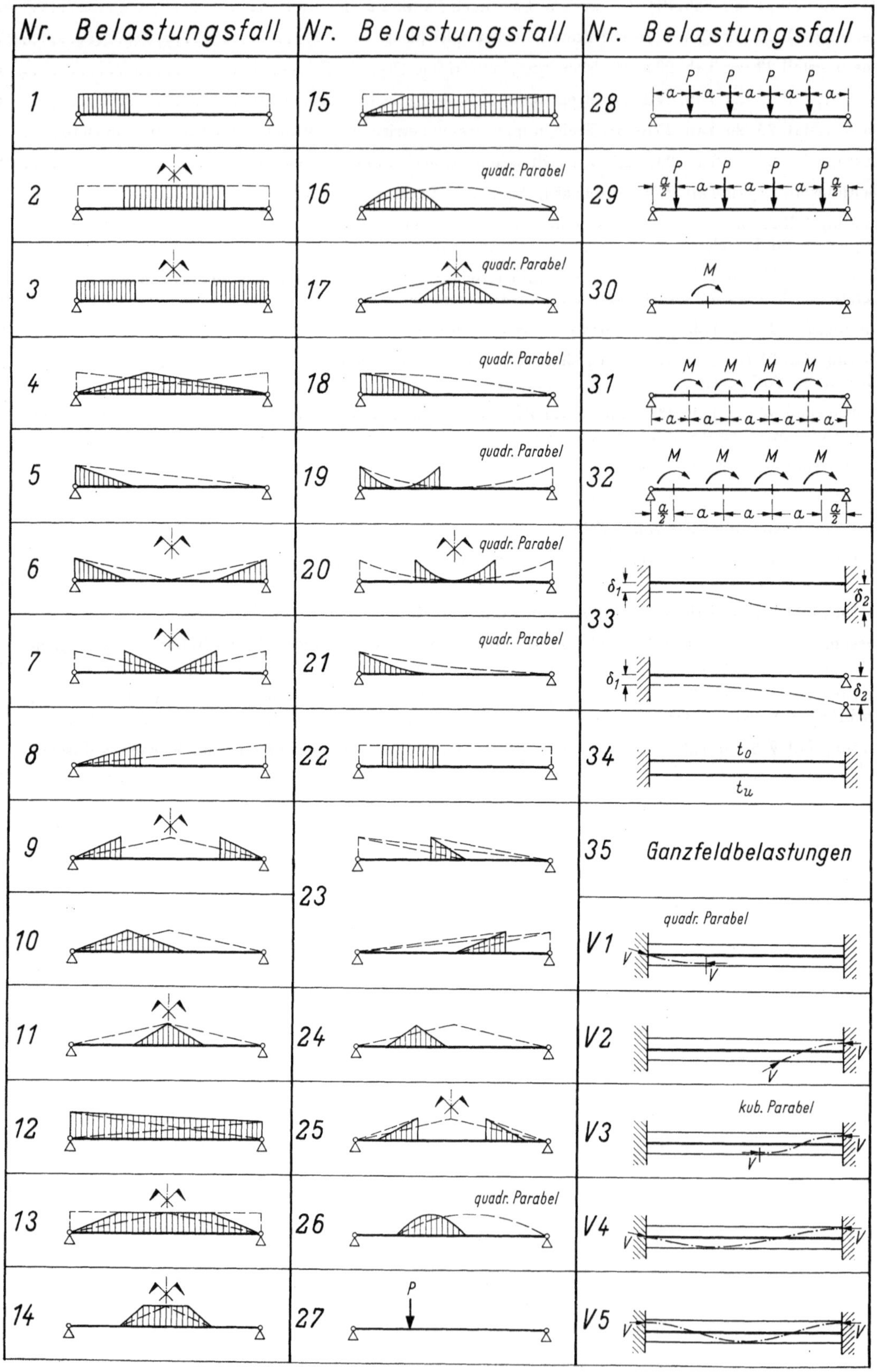

Nr.	Belastungsfall	Nr.	Belastungsfall	Nr.	Belastungsfall
1		15		28	P P P P; a a a a a
2		16	quadr. Parabel	29	P P P P; a/2 a a a a/2
3		17	quadr. Parabel	30	M
4		18	quadr. Parabel	31	M M M M; a a a a a
5		19	quadr. Parabel	32	M M M M; a/2 a a a a/2
6		20	quadr. Parabel	33	δ_1 δ_2
7		21	quadr. Parabel		δ_1 δ_2
8		22		34	t_o t_u
9		23		35	Ganzfeldbelastungen
10				V 1	quadr. Parabel; V V
11		24		V 2	V V
12		25		V 3	kub. Parabel; V V
13		26	quadr. Parabel	V 4	V V
14		27	P	V 5	V V

Berichtigungen

S. 4, Gl. (3) lautet richtig:

$$M_B l_2 + 2 M_C (l_2 + l_3) + M_D l_3 + 6(\beta_{02} + \alpha_{03}) = 0$$

S. 6, Gl. (8) lautet richtig:

$$M_1 l + 2 M_2 (l + l') + M_3 l' + 6 E J \left[\frac{\delta_1 - \delta_2}{l} + \frac{\delta_3 - \delta_2}{l'}\right] = 0$$

S. 6 unten:

Die beiden letzten Gleichungen lauten richtig:

$$M_B \cdot l + 2 M_C (l + 0) + M_D \cdot 0 = + 6 E J \frac{\delta_C - \delta_B}{l}$$

$$M_B + 2 M_C = + \frac{6 E J \cdot \Delta \delta}{l^2}$$

S. 21 Mitte:

Die Dimension hinter den Zahlen für Feld 1–3 lautet richtig:

„mt" (statt m)

S. 24 und S. 25 zu Abs. c) 3. Beispiel:

Bei der Berechnung der Winkel $\bar{\alpha}_0$ und $\bar{\beta}_0$ wurde der Multiplikator „l" überall weggelassen; es wurden die durch l dividierten Winkelwerte miteinander verglichen.

S. 47, Tab. 15:

Die ersten vier Werte der ersten Zeile (zu $n = 0$) lauten richtig:

$$\begin{pmatrix} & 0.083 & 0.083 & 0.125 & 0.125 \\ \text{statt} & 0 & 0 & 0 & 0 \end{pmatrix}$$

Berichtigungen

Einleitung

A. Allgemeine Hinweise

Das vorliegende Werk soll dem praktizierenden Statiker die fertig gerechneten Grundwerte am frei gelagerten, einseitig oder beidseitig eingespannten Einfeldbalken liefern, wobei praktisch alle in der Praxis möglichen Belastungsfälle berücksichtigt worden sind.

Mit Hilfe dieser Grundwerte ist die Behandlung von beliebig belasteten Durchlaufträgern nach der Methode des Momentenausgleiches (CROSS, KANI usw.) oder nach der Dreimomentengleichung (CLAPEYRON) leicht möglich.

Als *Grundwerte* wurden folgende Werte betrachtet:

1. Die Auflagerkräfte A_0 und B_0 am frei gelagerten Einzelfeld.

2. Die Balkenmomente des frei drehbar gelagerten Balkens

   M_{0a} an der Anfangsstelle einer Streckenlast
   M_{0s} an der Endstelle einer Streckenlast
   $M_{0\max}$ das Maximalmoment.

3. Die Abszisse x_m, wo die Querkräfte Q_0 Null werden bzw. das größte Balkenmoment $M_{0\max}$ auftritt.

4. Die mit EJ multiplizierten Auflagerdrehwinkel α_0 und β_0 am linken bzw. rechten Auflager des frei drehbar gelagerten Balkens.

5. Die Einspannmomente des einseitig bzw. beidseitig eingespannten Einzelfeldes:

   M_1 das Einspannmoment am linken Auflager des beidseitig eingespannten Balkens
   M_2 das Einspannmoment am rechten Auflager des beidseitig eingespannten Balkens
   M_1^0 das Einspannmoment des einseitig eingespannten Balkens, wobei ein zweiter Index im Falle einer Streckenlast anzeigt, ob die Streckenlast bei der Einspannung (M_{1A}^0) oder am frei drehbaren Auflager (M_{1B}^0) beginnt.

Die behandelten Belastungsfälle gehen aus der allgemeinen Übersicht hervor. Sie wurden unter dem Gesichtspunkt der besonderen Bindung der Last an ausgezeichnete Punkte (Anfangs-, End- und Symmetriepunkt) des Balkens geordnet, wobei zuerst die *gebundenen*, dann die gänzlich *freien* Belastungen und schließlich die Fälle der Vorspannung erscheinen.

Um der Darstellung der Koeffizientenwerte in Tabellenform die wünschbare Übersichtlichkeit zu garantieren, können grundsätzlich nur solche Belastungen berücksichtigt werden, die durch zwei Parameter darstellbar sind. So kann z. B. eine Trapezstreckenlast mit variabler Lastintensität (q) und freiem Beginn der Laststrecke nur durch drei Parameter dargestellt werden. Für diesen Fall ist es einfacher, die Werte einer Gleich- und diejenigen einer Dreieckslast zu überlagern, als eine Vielzahl von Tabellen zu geben, die der Handlichkeit des Werkes Abbruch täten.

In neuerer Zeit hat der *vorgespannte* Beton erheblich an Bedeutung gewonnen. Wenn von der Besonderheit in der Bemessung der vorgespannten Querschnitte abgesehen wird, bringt der Spannbeton für die Statik des Balkens als wesentliche, neue Komponente die Bestimmung der

Momente, die durch die Vorspannkraft über den Auflagern erzeugt werden. Diese Momente werden in den verschiedenen Gebieten und Werken verschieden benannt: *Statisch unbestimmte Vorspannmomente*[1] oder *Umlagerungsmomente*[2] oder *Parasitäre Momente*[3]. – Die Abschätzung dieser Momente ist für die Bemessungspraxis überaus erwünscht. Deshalb wurden diese Werte wie auch die von diesen Werten abhängigen Größen als *Grundwerte* betrachtet und in tabellarischer Form für diejenigen Fälle dargestellt, wie sie an Durchlaufträgern auftreten. Dabei wird vorausgesetzt, daß ein Spannglied sich aus verschiedenen Stücken zusammensetzt, wobei diese Teilstücke jeweils mit horizontaler Tangente aneinanderstoßen.

Die Fälle geradliniger Spannglieder sind so einfach, daß sich Tabellenwerte erübrigen. In der Praxis werden bei den frei drehbar gelagerten Enden von Durchlaufträgern hauptsächlich Spannglieder nach Parabeln 2. Ordnung verwendet, während bei den Zwischenstützen solche nach Parabeln 3. Ordnung anzutreffen sind.

Die *Reibungsverluste* auf die Spannkraft wurden *grundsätzlich vernachlässigt*, dies nicht nur wegen der erheblichen mathematischen Komplikation, sondern insbesondere wegen der je nach den Vorschriften bzw. Fabrikat der Spannglieder zu berücksichtigenden Reibungsgesetze, welche einen dritten Parameter geliefert hätten, was in einer einzelnen übersichtlichen Tabelle nicht darstellbar ist.

Die in den auf die *Statisch unbestimmten Vorspannmomente* bezogenen *Grundwerte* sind:

1. Die Einspannmomente $\overline{M}_1$ bzw. $\overline{M}_2$ über dem linken bzw. rechten Auflager des beidseitig eingespannten Einzelfeldes.

2. Das Einspannmoment $\overline{M}_2^0$ des rechts einseitig eingespannten Einzelfeldes.

3. Die durch $\overline{M}_1$ und $\overline{M}_2$ erzeugte Querkraft $\overline{Q}$.

4. Die durch $\overline{M}_2^0$ erzeugte Querkraft $\overline{Q}^0$.

5. Die am beidseitig frei drehbar gelagerten Balken auftretenden, mit EJ multiplizierten Auflagerdrehwinkel $\bar{\alpha}_0$ (links) und $\bar{\beta}_0$ (rechts).

6. Die Nullstelle $\bar{x}_0$, an welcher das nach der Parabel 3. Ordnung verlegte Spannglied die Balkenachse schneidet (Exzentrizität $e_x = 0$).

Die fertige Durchrechnung der Tabellenwerte soll dem praktizierenden Statiker einen Großteil seiner Routinearbeit abnehmen und möglichst viele Fehler aus der Rechnung eliminieren, die – im Gegensatz zur Berechnung von Tabellenwerten – bei der Behandlung eines Individualfalles sehr leicht auftreten. Überdies soll durch die vorhandenen Tabellen vermieden werden, daß wegen der allfälligen Kompliziertheit in der Behandlung effektiver Belastungen vereinfachte Belastungsannahmen getroffen werden, die der Wirklichkeit nicht entsprechen.

Die Tabellen beziehen sich auf zwanzigfache Teilung des Feldes. Jeder Tabelle sind eine entsprechende Figur und die theoretisch genauen Formeln vorangestellt worden. Beim Aufbau der Formeln sind folgende Überlegungen wegleitend gewesen:

a) Wegen der erforderlichen Allgemeingültigkeit ergeben sich für die Längen zwangsläufig auf die Spannweite bezogene Verhältniswerte.

b) Belastungseinheiten wurden in ihrer ursprünglichen Nennform beibehalten, was im Hinblick auf verschiedene physikalische Dimensionen und die erwünschte Anwendbarkeit verschiedener Rechnungsverfahren notwendig ist.

c) Die Tabellenwerte stellen grundsätzlich dimensionslose Koeffizienten dar.

d) Alle Indizes werden stets nur für die Bestimmung einer einzigen Größe verwendet, damit Irrtümer unterbleiben.

e) Für die Vorzeichen wurde folgende Regel gewählt:

1. Im Uhrzeigersinn drehende Momente sind positiv.

---

[1] Leonhard, F.: Spannbeton für die Praxis, Berlin: Ernst u. Sohn 1955.
[2] Hahn, J.: Spannbeton, Theorie und Bemessung, Düsseldorf: Werner-Verlag 1960.
[3] Dies ist die in der Schweiz übliche Bezeichnung.

2. Querkräfte sind positiv, wenn sie links vom Schnitt liegend aufwärts gerichtet sind.
3. Auflagerdrehwinkel sind positiv, wenn die deformierte Balkenachse unterhalb der undeformierten liegt.

Alle Werte beziehen sich auf ein feldweise konstant bleibendes Trägheitsmoment, was im heutigen Hochbau der vorwiegende Fall ist.

Da der überwiegende Teil aller Koeffizienten < 1 ist, wurde die Null vor dem Komma der Übersichtlichkeit wegen meistens fortgelassen.

Mit Rücksicht auf die große Bedeutung des Eisenbetons im modernen Bauen wurde am Schluß noch eine Tafel der Verhältniswerte der Trägheitsmomente des Plattenbalkens zu denjenigen des plattenlosen Rippen-Rechteckquerschnitts gleicher Abmessungen angefügt. Diese Darstellung scheint für die verschiedenen, wahlweise anzuwendenden Verfahren die vorteilhafteste zu sein.

Für den Fall der direkten Anwendung der Formeln wird noch eine Tabelle mit den verschiedenen Potenzen von n wiedergegeben, da diese Werte dominieren.

Dem Buch ist neben einigen Überlegungen über die wechselseitige Abhängigkeit der Grundwerte und einer Betrachtung über die differentialgeometrischen Zusammenhänge der Schnittgrößen bzw. Deformationsfunktionen eine Reihe von Anwendungsbeispielen beigefügt, die dem Anfänger die Anwendung der Tabellen erleichtern soll. Diese Ausführungen sind dem Praktiker vor der Anwendung der Tabellenwerte zur Lektüre empfohlen.

Bei der Ermittlung der Tabellenwerte wurden die Einspannmomente auf Grund der in Abschnitt B dargestellten Zusammenhänge ermittelt, wobei die Auflagerdrehwinkel (Belastungsglieder) mit Hilfe der Arbeitsgleichung $\alpha_0 = \int \frac{M M'}{E J} \, dx$ berechnet worden sind.

Bei den Balkentragwerken spielt dabei der Einfluß der Querkräfte keine Rolle. Für verschiebliche Rahmentragwerke, bei denen die Querkraftseinflüsse nicht vernachlässigt werden dürfen, ist den jeweilig angewendeten Verfahren entsprechend Rechnung zu tragen.

Zum Verständnis der verwendeten Zeichen sei jeweils auf die den entsprechenden Tabellen vorausgehenden Abbildungen und Formeln verwiesen.

B. Zusammenhänge zwischen Volleinspannmomenten und Deformationswerten

1. Das beidseitig eingespannte Trägerfeld unter Vertikallasten

Für den jungen Statiker, der die CLAPEYRONsche Dreimomentengleichung am Durchlaufträger nach Abb. 1 kennengelernt hat, wo sie für konstantes Trägheitsmoment die Form

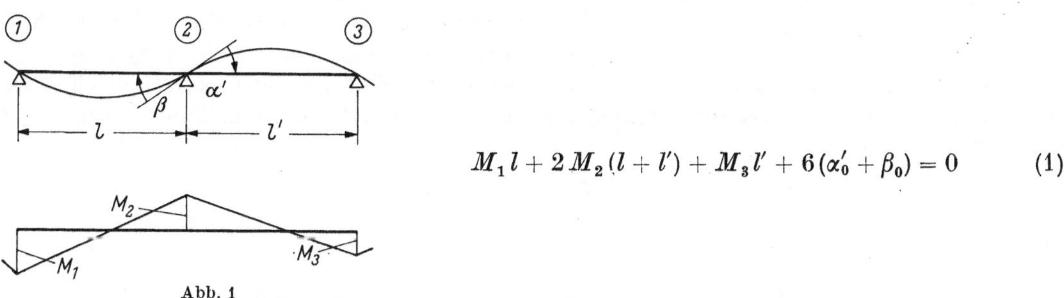

Abb. 1

$$M_1 l + 2 M_2 (l + l') + M_3 l' + 6(\alpha_0' + \beta_0) = 0 \qquad (1)$$

annimmt, ergeben sich oft aus Gründen der bei voller Einspannung verschwindenden Auflagerwinkel vorstellungsbedingte Schwierigkeiten in der Anwendung der Gleichung für diesen Fall. Dies läßt sich durch einen kleinen Kunstgriff beheben:

Betrachtet man das Mittelfeld $\overline{BC}$ von der Länge l_2 des Dreifeldbalkens aus Abb. 2, so wird man ohne weiteres einsehen, daß die Auflagerdrehwinkel α und β kleiner sind, als dies beim einfachen Balken BC ohne Seitenfelder der Fall wäre. Nehmen wir an, daß einstweilen nur das Feld BC belastet werde, was bei fehlenden Seitenfeldern nach Abb. 2b für das eingespannte Feld l_2 ohnehin der Fall ist, so erkennt man sofort, daß die Seitenfelder l_1 und l_3 auf das Mittelfeld l_2 wie elastische Einspannungen wirken. Der Grad der Elastizität dieser Einspannungen ergibt sich aus den Balkeneigenschaften der Seitenfelder.

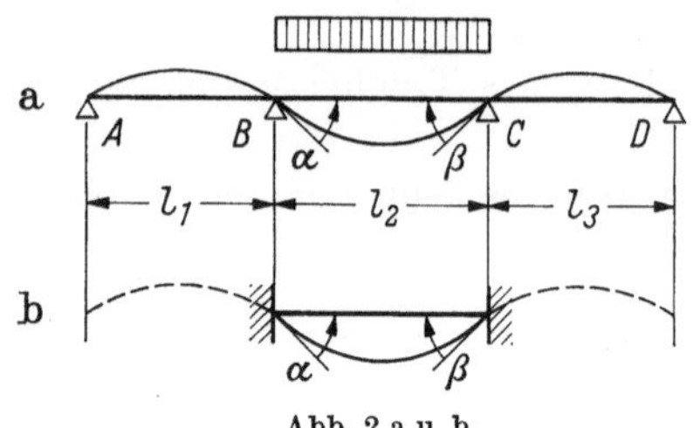

Abb. 2 a u. b

Ein Balken ist um so elastischer (oder *weicher*), je größer seine Länge, je kleiner sein Trägheitsmoment und je kleiner sein Elastizitätsmodul ist. Die Elastizität des Balkens ist deshalb dem Quotienten $\frac{l}{EJ}$ direkt proportional. Da Balkenelastizität und die von diesem Balken repräsentierte Elastizität der Einspannung eines Nachbarfeldes identisch sind, kann man folgende Aussage machen:

a) Wird $\frac{l}{EJ} = 0$, so ist die Elastizität der Einspannung Null, d.h., es liegt starre oder volle Einspannung vor. Da $0 < EJ < \infty$ ist, kann $\frac{l}{EJ}$ nur 0 werden für $l = 0$.

Mit anderen Worten: Eine starre (oder volle) Einspannung kann ersetzt werden durch einen Anschlußbalken mit $l = 0$.

b) Wird $\frac{l}{EJ} = \infty$, so liegt schrankenlose Elastizität der Einspannung vor. Dies ist für $l = \infty$ der Fall.

Mit anderen Worten: Ein frei dehrbares Auflager kann ersetzt werden durch ein Anschlußfeld von $l = \infty$.

Da wir in vorliegendem Tabellenwerk stets mit vollen Einspannungen zu tun haben, stellen wir diese hier durch Anschlußfelder von der Länge $l = 0$ dar, wie dies in Abb. 3 gegeben ist. Die *Ersatzfelder* haben keine reelle Spannweite, besitzen also auch keine Lasten. Da die Punkte A und B bzw. C und D unendlich nahe zueinander liegen, ist hier die Tangente an die elastische Linie identisch mit der Balkenachse, d. h. horizontal, also die Bedingung der Volleinspannung erfüllt. Für $l = 0$ muß der Wert EJ nur die Bedingung erfüllen, irgendeinen endlichen Wert zu besitzen, um $\frac{l}{EJ} = 0$ werden zu lassen, so daß EJ der *einspannenden Felder* insbesondere auch den gleichen Wert besitzen kann wie das *eingespannte* Feld selbst. Es darf also für unseren Fall ohne weiteres die Spezialform der Clapeyronschen Dreimomentengleichung für konstantes Trägheitsmoment angewendet werden. Tun wir dies für den Punkt B, so folgt:

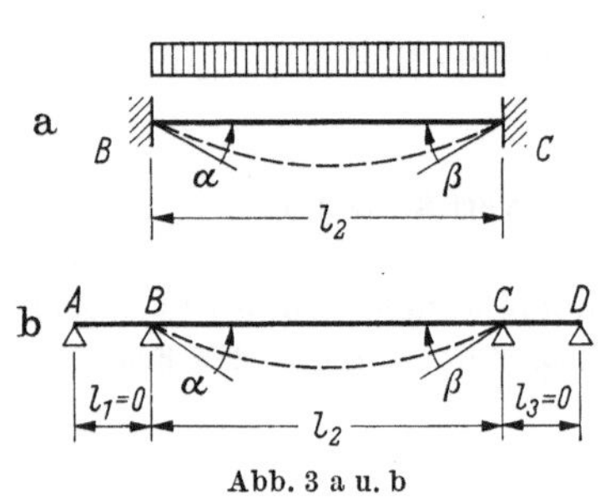

Abb. 3 a u. b

$$M_A l_1 + 2 M_B (l_1 + l_2) + M_C l_2 + 6(\beta_{01} + \alpha_{02}) = 0 \tag{2}$$

und für den Punkt C:

$$M_B l_2 + 2 M_C (l_2 + l_3) + M_D l_3 + 3(\beta_{02} + \alpha_{03}) = 0 \tag{3}$$

Hierin sind

$$M_A = 0 \qquad l_3 = 0 \qquad \beta_{01} = 0$$
$$l_1 = 0 \qquad M_D = 0 \qquad \alpha_{03} = 0 .$$

Damit folgt:

$$2 M_B l_2 + \quad M_C l_2 = -6 \alpha_{02} \tag{2'}$$

$$M_B l_2 + 2 M_C l_2 = -6 \beta_{02} \tag{3'}$$

oder

$$\alpha_{02} = -\frac{(2 M_B + M_C) l_2}{6} \tag{2''}$$

$$\beta_{02} = -\frac{(M_B + 2 M_C) l_2}{6}. \tag{3''}$$

Da die verwendeten Indizes *2* sich stets auf das einzig reelle Feld beziehen, können wir sie weglassen und schreiben:

$$\alpha_0 = -\frac{(2 M_B + M_C) l}{6} \tag{4}$$

$$\beta_0 = -\frac{(M_B + 2 M_C) l}{6}. \tag{5}$$

Für den Fall, daß ein nur einseitig voll eingespannter Balken vorliegt, in Abb. 3 beispielsweise bei B oder bei C, wird das entsprechende Einspannmoment M_B oder M_C gleich Null, und wir erhalten,

bei frei drehbarer Lagerung im Punkte C für $M_C = 0$ und

$$\alpha_0 = -\frac{1}{3} M_B^0 l \tag{6}$$

bzw., falls das frei drehbare Lager bei B liegt und $M_B = 0$ wird:

$$\beta_0 = -\frac{1}{3} M_C^0 l. \tag{7}$$

Den in Gln. (4) bis (7) zum Ausdruck kommenden allgemeinen Gesetzen müssen alle Belastungsfälle gehorchen.

Aus den Gl. (4) bis (7) ergeben sich durch einfachen Austausch der entsprechenden Größen nachstehende Beziehungen zwischen den Einspannmomenten und den Auflagerdrehwinkeln, die unter Berücksichtigung der Darstellung mit den Tabellenkoeffizienten zu analogen Beziehungen unter letzteren werden.

Es wird definiert:

$$M_1 = -k_1 q l^2 \qquad M_2 = -k_2 q l^2 \qquad M_1^0 = M_{1A}^0 = -k_1^0 q l^2 = -k_{1A}^0 q l^2$$

$$\alpha_0 = k_9 q l^3 \qquad \beta_0 = k_{10} q l^3 \qquad M_2^0 = M_{1B}^0 = -k_{1B}^0 q l^2.$$

Unter Beachtung, daß die Koeffizienten k, von denen nur der absolute Betrag interessiert, stets als positiv angesehen werden, gelten, ganz unabhängig von der Art der Belastung, generell folgende Gleichungen:

$\alpha_0 = -\frac{2 M_1 + M_2}{6} l$	$k_9 = \frac{2 k_1 + k_2}{6}$
$\beta_0 = -\frac{2 M_2 + M_1}{6} l$	$k_{10} = \frac{2 k_2 + k_1}{6}$
$\alpha_0^0 = -\frac{1}{3} M_1^0 l$	$k_9 = \frac{k_1^0}{3}$ bzw. $\frac{k_{1A}^0}{3}$
$\beta_0^0 = -\frac{1}{3} M_2^0 l$	$k_{10} = \frac{k_{1A}^0}{3}$

$M_1 = -\frac{1}{l}\,2\,(2\,\alpha_0 - \beta_0)$	$k_1 = 2\,(2\,k_9 - k_{10})$
$M_2 = -\frac{1}{l}\,2\,(2\,\beta_0 - \alpha_0)$	$k_2 = 2\,(2\,k_{10} - k_9)$
$M_1^0 = M_{1A}^0 = -\frac{1}{l}\,3\,\alpha_0$	$k_1^0 = k_{1A}^0 = 3\,k_9$
$M_2^0 = M_{1B}^0 = -\frac{1}{l}\,3\,\beta_0$	$k_{1B}^0 = 3\,k_{10}$
$M_1^0 = \frac{2\,M_1 + M_2}{2} = M_{1A}^0$	$k_1^0 = k_{1A}^0 = \frac{2\,k_1 + k_2}{2}$
$M_2^0 = \frac{2\,M_2 + M_1}{2} = M_{1B}^0$	$k_{1B}^0 = \frac{2\,k_2 + k_1}{2}$
$M_1 = \frac{1}{2}\,(2\,M_1^0 - M_2)$	$k_1 = \frac{1}{2}\,(2\,k_1^0 - k_2)$
$M_2 = 2\,(M_1^0 - M_1)$	$k_2 = 2\,(k_1^0 - k_1)$

Wie man aus den vorstehenden Beziehungen sofort erkennen kann, läßt sich jeder Wert einer Kolonne darstellen, sofern zwei Werte der jeweiligen Kolonne bekannt sind. Dies entspricht dem 2fachen statischen Unbestimmtheitsgrad des beidseitig eingespannten Balkens unter Vertikallasten ($H = 0$).

2. Stützensenkungen am beidseitig eingespannten Trägerfeld

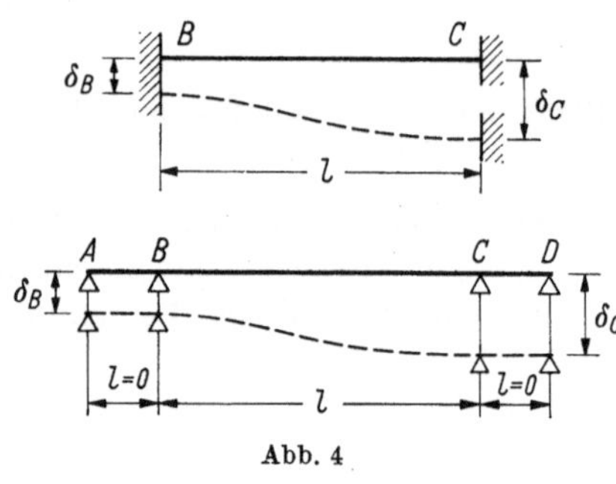

Abb. 4

Um die Stützensenkungen zu berücksichtigen, denken wir uns den Balken unbelastet, hingegen die Stützen *abgesenkt*, wie dies in Abb. 4 dargestellt ist. Unter Voraussetzung kleinerer Stützensenkungen ($\tan\varphi \approx \varphi$) lautet in Analogie zu Gl. (1) die CLAPEYRONsche Gleichung für $EJ = \text{const}$:

$$M_1\,l = 2\,M_2\,(l + l') + M_3\,l' + \\ + 6\,EJ\left[\frac{\delta_1 - \delta_2}{l} + \frac{\delta_3 - \delta_2}{l}\right] = 0 \qquad (8)$$

oder für den Fall des beidseitig eingespannten Balkens gemäß Abb. 4, wo die die Einspannungen *ersetzenden* Anschlußfelder selbstverständlich als Ganzes parallel *abgesenkt* angenommen werden müssen:

Bezogen auf Punkt B:

$$M_A \cdot 0 + 2\,M_B\,(0 + l) + M_C\,l = -6\,EJ\,\frac{\delta_C - \delta_B}{l}$$

oder mit $\delta_C - \delta_B = \Delta\,\delta$

$$2\,M_B + M_C = -\frac{6\,EJ \cdot \Delta\,\delta}{l^2} \qquad (9)$$

bzw. auf C bezogen:

$$M_B \cdot l + 2\,M_C\,(l + 0) + M_D \cdot 0 = -6\,EJ\,\frac{\delta_C - \delta_B}{l}$$

oder $\delta_C - \delta_B = \Delta\,\delta$

$$M_B + 2\,M_C = -\frac{6\,EJ \cdot \Delta\,\delta}{l^2}\,. \qquad (10)$$

Für den Fall des einseitig eingespannten Balkens folgt, wenn

a) das Auflager C frei drehbar ist: $M_C = 0$ und

$$M_B = -\frac{3\,EJ \cdot \Delta\delta}{l^2}, \tag{11}$$

b) das Auflager B frei drehbar ist: $M_B = 0$

$$M_C = -\frac{3\,EJ \cdot \Delta\delta}{l_2}. \tag{12}$$

Dabei ist in Gln. (9) bis (12) $\Delta\delta = \delta_C - \delta_B$ als algebraischer Wert zu werten, so daß das negative Vorzeichen in diesen Gleichungen *nicht* bedeutet, daß M_B und M_C grundsätzlich negativ seien!

C. Zusammenhänge zwischen Belastung (q_x), Querkräften (Q_x), Momenten (M_x), Auflagerdrehwinkel (α, β) und elastischer Linie (y)

In diesem Abschnitt soll auf die rein mathematischen und damit differentialgeometrischen Zusammenhänge obiger Größen hingewiesen werden.

1. Belastung und Querkraft

Gemäß Abb. 5 sei irgendein Feld eines kontinuierlichen Tragwerkes gegeben. Die Spannweite $\overline{AB} = l$. Die stetige, differenzier- und integrierbare Belastungsfunktion sei $q_x = f(x)$.

Als bekannt und auf irgendeine Weise ermittelt seien die Querkräfte A_r und B_l sowie die Stützenmomente M_A und M_B vorausgesetzt.

Aus der Gleichgewichtsbedingung $\Sigma V = 0$ folgt für die Querkraft an der Stelle X:

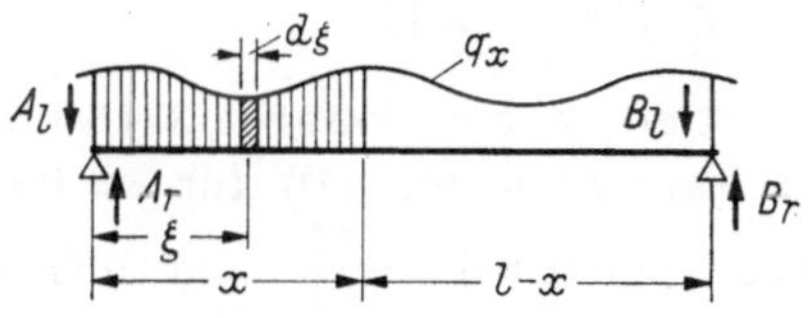

$$Q_x = A_r - \int_0^x q_\xi \,\mathrm{d}\xi, \tag{13}$$

Abb. 5

wobei ξ Integrationsvariable und x eine beliebige, aber während des Integrationsvorganges feste Integrationsgrenze ist.

Weil nun q_x und q_ξ sowohl in x wie in ξ die gleichen Funktionen sind, kann Gl. (13) auch einfach geschrieben werden als:

$$Q_x = A_r - \int q_x \,\mathrm{d}x. \tag{14}$$

Bei der Differentiation von Gl. (14) fällt die Integrationskonstante A_r fort, und wir erhalten:

$$\boxed{\frac{\mathrm{d}Q_x}{\mathrm{d}x} = -q_x} \tag{15}$$

In Worten läßt sich Gl. (15) ausdrücken durch folgenden

Satz: | Die Ableitung der Querkraftsfunktion ist die negative Belastungsfunktion.

Aus dieser Erkenntnis ergeben sich alle differentialgeometrischen Zusammenhänge zwischen diesen beiden Funktionen.

Zwei Beispiele sollen dies erläutern:

1. Beispiel:

Einfacher Balken mit symmetrischer dreiecksförmiger Lastfunktion nach Abb. 6. Aus Symmetriegründen muß die Auflagerkraft $A = B = \frac{q\,l}{4}$ sein. Generell gilt für $0 \leq x \leq \frac{l}{2}$:

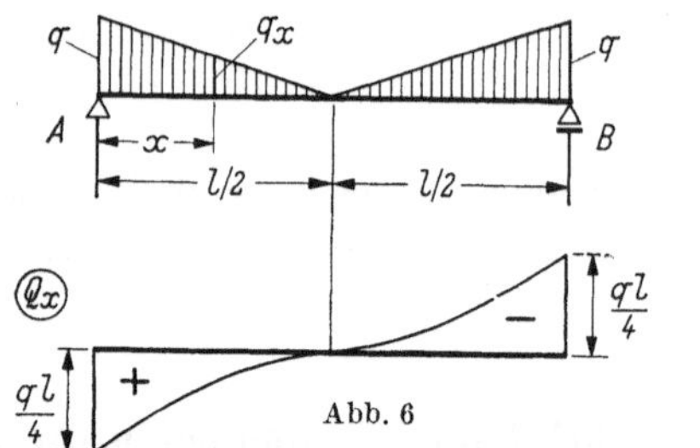

Abb. 6

$$q_x = q - \frac{2q}{l}\,x = q\left(1 - \frac{2x}{l}\right)$$

$$Q_x = -\int q_x \,\mathrm{d}x + C_1 \qquad C_1 = A = \frac{q\,l}{4}$$

$$Q_x = \frac{q\,l}{4} - q\left(x - \frac{x^2}{l}\right).$$

Die Querkraftfunktion ist eine Parabel 2. Ordnung mit horizontaler Tangente bei $x = \frac{l}{2}$, da dort die Ableitung Null wird. Die größte Steilheit der Funktionskurve ist beim Auflager, weil dort die Ableitung ihren größten Wert ($q_x = q$) besitzt. Daraus folgt Form und Verlauf der Kurve.

Die Gültigkeit der Funktion $Q_x = f(x)$ ist auf den Bereich $0 \leq x \leq \frac{l}{2}$ beschränkt. Der übrige Verlauf ergibt sich aus Symmetrieverhältnissen.

2. Beispiel:

Einfacher Balken mit parabelförmiger Belastung $q_x = \frac{4q}{l^2}\,(l\,x - x^2)$ gemäß Abb. 7

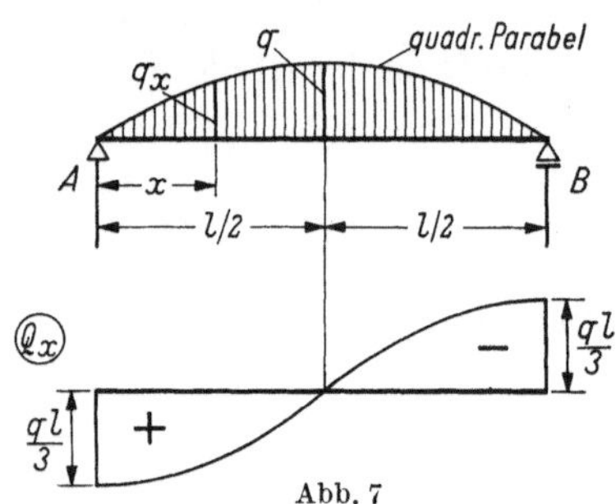

Abb. 7

$$Q_x = -\int q_x \,\mathrm{d}x + C_1 \qquad C_1 = A = \frac{q\,l}{3}$$

$$Q_x = \frac{q\,l}{3} - \frac{4q}{l^2}\left[\frac{l\,x^2}{2} - \frac{x^3}{3}\right].$$

Die Querkraftsfunktion ist eine Parabel 3. Ordnung mit horizontalen Tangenten ($q_x = 0$) für $x = 0$ und $x = 1$ und mit Wendepunkt bei $x = \frac{l}{2}$, da hier die Differentialkurve q_x ein Maximum hat.

2. Querkräfte und Momente

Nach Abb. 5 ist das Moment im Punkte x:

$$M_x = A_r\,x - \int_0^x q_\xi\,(x - \xi)\,\mathrm{d}\xi + M_A.$$

Hier ist deutlich zu erkennen, daß M_A den Wert einer Integrationskonstante annimmt.

Die Entwicklung der Gleichung für M_x liefert:

$$M_x = A_r\,x - x\int_0^x q_\xi\,\mathrm{d}\xi + \int_0^x q_\xi\,\xi\,\mathrm{d}\xi + M_A.$$

Die Differentiation dieser Gleichung nach x liefert:

$$\frac{\mathrm{d}M_x}{\mathrm{d}x} = A_r - \int_0^x q_\xi\,\mathrm{d}\xi.$$

Gemäß Gl. (13) ist $A_r - \int_0^x q_\xi \, d\xi = Q_x$, und es folgt:

$$\boxed{\frac{dM_x}{dx} = Q_x} \,. \tag{16}$$

Satz: Die Ableitung der Momentenfunktion ist die Querkraftsfunktion.
oder
Die Integralfunktion der Querkraftsfunktion ist die Momentenfunktion.

Setzen wir nun noch $Q_x = -\int q_x \, dx + C_1$, so läßt sich M_x darstellen als

$$M_x = \int(-\int q_x \, dx + C_1) \, dx + C_2 \,. \tag{17}$$

Die Momentenfunktion eines Balkens läßt sich also durch zweimalige Integration der negativen Belastungsfunktion ermitteln, wobei die Integrationskonstanten die Auflagerbedingungen des Balkenfeldes darstellen. Es gilt also generell:

$$\boxed{\frac{d^2 M}{dx} = -q_x} \,. \tag{18}$$

Gl. (18) kann als Differentialgleichung der Momentenlinie eines durch vertikale Lasten belasteten Balkens angesehen werden. Wie aus der allgemeinen Differential- und Integralrechnung bekannt ist, stellt das zu den Lasten gezeichnete Seilpolygon die graphische Integration der Gl. (18) dar, wobei die Schlußlinie die Erfüllung der Auflagerbedingungen, mit anderen Worten, die Ermittlung der Integrationskonstanten darstellt.

Da in der Praxis die Belastungsfunktionen fast ausschließlich ganze rationale Funktionen, also $q_x = a_0 + a_1 x + a_2 x^2 + \cdots + a_n x^n$ sind, steigt diese Funktion mit jeder Integration um einen Grad. Deshalb ist die Querkraftsfunktion um einen, die Momentenfunktion um zwei Grade höher als die Belastungsfunktion.

Auch hierzu zwei Beispiele:

1. Beispiel:

Einfacher Balken mit Gleichlast nach Abb. 8.

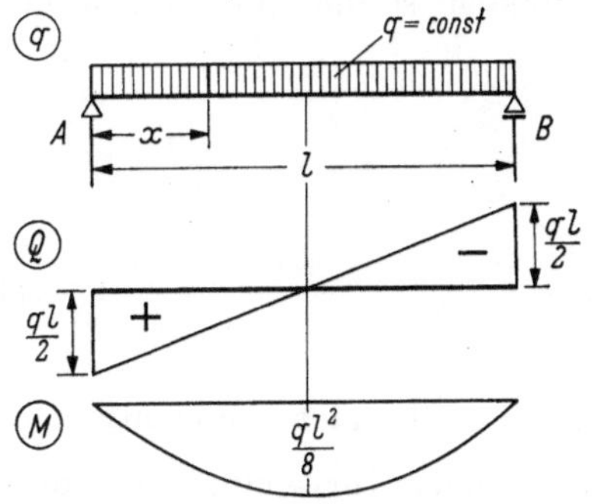

Abb. 8

$$q_{(x)} = q = \text{const}$$

$$Q_{(x)} = \int -q \, dx + C_1$$

$$Q_{(x)} = -q\,x + C_1$$

für $x = 0$ wird $Q_{(0)} = \frac{q\,l}{2}$, also ist $C_1 = \frac{q\,l}{2}$ die Auflagerkraft.

$$M_x = \int Q_{(x)} \, dx + C_2 = \frac{q\,l}{2} x - \frac{q\,x^2}{2} + C_2$$

für $x = 0$ wird $M = 0$, also $C_2 = 0$

$$\underline{M_x = \frac{q\,x}{2}(l - x)} \,.$$

Die Funktion $Q_{(x)}$ besitzt, da ihre 1. Ableitung, die Belastung, konstant ist, eine konstante Neigung, ist also 1. Grades und geht im Symmetriepunkt durch Null. Daher ist die $M_{(x)}$-Funktion eine Parabel 2. Grades und hat bei $x = \frac{l}{2}$ ihr Maximum $M_{\max} = \frac{ql^2}{8}$.

2. Beispiel:

Wir greifen hier das schon einmal für $Q_{(x)}$ gewählte Beispiel wieder auf (vgl. Abb. 9)

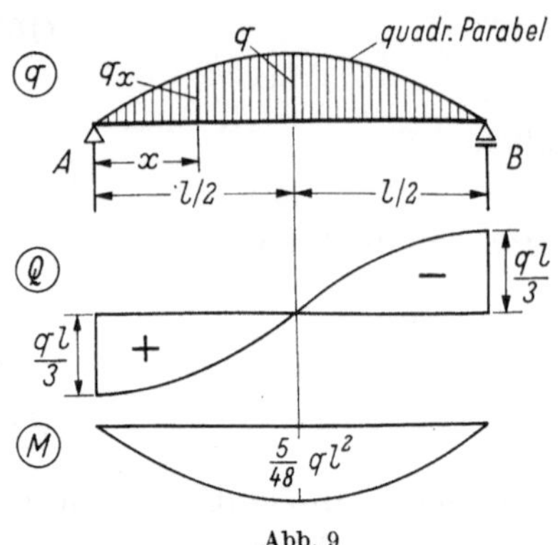

Abb. 9

$$q_{(x)} = \frac{4q}{l^2}(l\,x - x^2).$$

Wir hatten gesehen, daß

$$Q_{(x)} = \frac{q\,l}{3} - \frac{4q}{l^2}\left(\frac{l\,x^2}{2} - \frac{x^3}{3}\right)$$

ist.

Wenn das Moment in x als Reduktion aller Kräfte links vom Schnitt bestimmt werden soll, so führt dies automatisch zu einer Integration, weil sowohl die schraffierte Fläche als auch die Lage des Schwerpunktes derselben anders nicht bestimmbar ist. – Wir wollen deshalb hier ganz einfach die Regel anwenden, daß $M_{(x)} = \int Q_{(x)}\mathrm{d}\,x + C_2$ ist:

$$M_{(x)} = \frac{q\,l}{3}\,x - \frac{4q}{l^2}\left[\frac{l\,x^3}{6} - \frac{x^4}{12}\right] + C_2 = \frac{q}{3}\left[l\,x - \frac{1}{l^2}(2\,l\,x^3 - x^4)\right] + C_2.$$

Da alle Glieder dieses Polynoms x enthalten, muß die Integrationskonstante C_2 das Moment für $x = 0$ sein, also wieder eine Auflagerbedingung. $C_2 = M_{x=0} = 0$. Die Momentenlinie ist eine Parabel 4. Ordnung mit dem Maximum bei $x_m = \frac{l}{2}$ von der Größe $M_{\max} = \frac{5}{48}\,q\,l^2$.

3. Elastische Linie und Auflagerdrehwinkel

Wie bekannt, lautet die Differentialgleichung der elastischen Linie eines Balkens:

$$\frac{1}{\varrho} = \frac{M}{EJ}, \tag{19}$$

wobei ϱ der Krümmungsradius der elastischen Linie in irgendeinem Punkte ist. Für ϱ als Krümmungsradius einer Funktion $f(x)$ gilt allgemein:

$$\varrho = \frac{(\sqrt{1 + f'(x)^2})^3}{f''(x)} \quad \text{oder} \quad \frac{1}{\varrho} = \frac{f''(x)}{(\sqrt{1 + f'(x)^2})^3}.$$

Da die elastischen Linien der in der Praxis zu berechnenden Balken stets äußerst flach verlaufen, ist $f'(x)$ im Verhältnis zu 1 absolut vernachlässigbar, und es entsteht so die sehr einfache Form der Differentialgleichung der elastischen Linie mit

$$\frac{1}{\varrho} \approx f''(x) = \frac{\mathrm{d}^2 y}{\mathrm{d}\,x^2}$$

als

$$\boxed{\frac{\mathrm{d}^2 y}{\mathrm{d}\,x^2} = -\frac{M}{EJ}}. \tag{20}$$

Hinsichtlich des negativen Vorzeichens in Gl. (20) ist zu sagen, daß dies mehr konventionell als mathematisch bedingt ist. Einerseits setzt die Krümmung $k = \frac{1}{\varrho}$ einer Kurve einen bestimmten Umlaufsinn der Kurve voraus (was zu einem positiven Vorzeichen führen würde), und andererseits wollen wir für die Praxis bei positiven Momenten stets positive Ordinaten der elastischen Linie (Durchbiegungen) definieren. Diese Vorzeichenkonvention ergibt sich überdies auch in Gl. (18) in analoger Weise, wo abwärts gerichtete als positiv definierte Lasten ebenso definierte Momente erzeugen. Um diese für die Praxis sehr wichtige Konvention einzuhalten, muß an dem negativen Vorzeichen festgehalten werden.

Eine Differentation der Gl. (20) liefert uns:

$$\boxed{\frac{\mathrm{d}^3 y}{\mathrm{d}\,x^3} = -\frac{Q_x}{EJ}} \tag{21}$$

und

$$\boxed{\frac{\mathrm{d}^4 y}{\mathrm{d}\,x^4} = q_x} \tag{22}$$

Nach Gl. (22) kann die Funktion der elastischen Linie durch viermalige Integration der Belastungsfunktion erhalten werden, wobei die allgemeinen Integrationsregeln (Stetigkeitsintervalle!) zu beachten sind. – Es ergeben sich dann 4 Integrationskonstanten C_1, C_2, C_3 und C_4, von denen wir schon C_1 und C_2 als Auflagerquerkräfte bzw. Stützenmomente kennengelernt haben. Es bleibt also noch eine zweimalige Integration der Gl. (20) auszuführen. Wir erhalten

$$\frac{\mathrm{d}\,y}{\mathrm{d}\,x} = -\int \frac{M}{EJ}\,\mathrm{d}\,x + C_3 \tag{23}$$

und

$$y = \int\left(C_3 - \int \frac{M}{EJ}\,\mathrm{d}\,x\right)\mathrm{d}\,x + C_4. \tag{24}$$

Bezeichnen wir mit M/EJ die *reduzierte Momentenfläche*, dann ist, wie ein Vergleich mit Gl. (13) leicht erkennen läßt, $\mathrm{d}\,y/\mathrm{d}\,x$ die *gedachte Querkraftfunktion* zu der durch die reduzierte Momentenfläche gegebenen *gedachten Belastung*. Die Integrationskonstante C_3 ist dann die *Auflagerkraft* aus dieser gedachten Belastung. – Andererseits ist aber $\mathrm{d}\,y/\mathrm{d}\,x$ die 1. Ableitung der Funktion der elastischen Linie und gibt als solche in jedem Punkt die Tangentenneigung dieser Kurve an. Da die auftretenden Winkel sehr klein sind, darf $\varphi \approx \tan\varphi$ gesetzt werden. Im Falle ganzer rationaler Belastungsfunktionen ist M ebenfalls eine solche, so daß für $J = \mathrm{const}$ in $\int \frac{M}{EJ}\,\mathrm{d}\,x + C_3$ der Wert C_3 das einzige x-freie Glied ist. C_3 stellt deshalb den Winkel dar, den die elastische Linie am Auflager bei $x = 0$ mit der Balkenachse bildet, was wir üblicherweise den *Auflagerdrehwinkel* nennen.

Da in vorstehenden Tabellen stets $J = \mathrm{const}$ vorausgesetzt wurde, erscheinen die Werte der Auflagerdrehwinkel stets in ihrem EJ-fachen Wert.

Weil das Integral einer ganzen rationalen Funktion stets wieder eine solche ist, muß die elastische Linie $y = f(x)$ bei $EJ = \mathrm{const}$ für jede ganze rationale Belastungsfunktion $q = f(x)$ wiederum einer ganzen rationalen Funktion gehorchen.

Ein Beispiel soll den Wert obiger Zusammenhänge in der praktischen Anwendung erläutern:

Beispiel:

Einfacher Balken mit Dreieckslast

Stetigkeitsbereich der Last: $0 \leq x \leq \frac{l}{2}$.

$x = \frac{l}{2}$ ist Symmetrieachse.

1. Lastfunktion: $\quad q_x = \frac{2q}{l}\,x$

2. Querkräfte: $\quad Q_x = -\int q_x\,\mathrm{d}\,x + C_1$

$C_1 = \text{Auflagerkraft } A = \frac{q\,l}{4}$

$Q_x = \frac{q\,l}{4} - \frac{q\,x^2}{l}$ (quadr. Parabel).

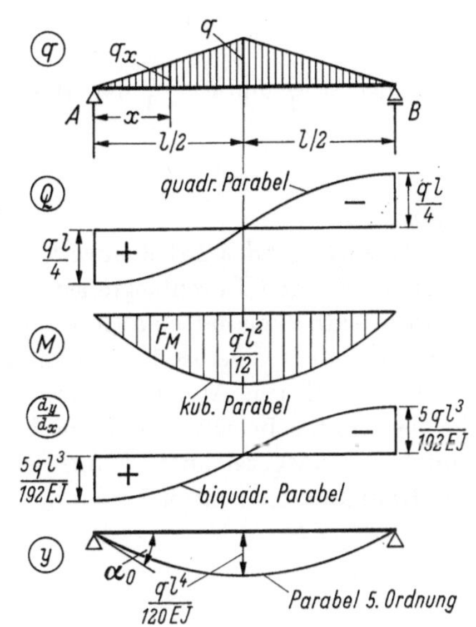

Abb. 10

3. Momente: $M_x = \int Q_x \,\mathrm{d}x + C_2 \qquad C_2 = M_{x=0} = 0$

$$M_x = \frac{q\,l\,x}{4} - \frac{q\,x^3}{3\,l} \quad \text{(kub. Parabel).}$$

$$M_{\max} = \frac{q\,l^2}{12} \quad \text{bei} \quad x = \frac{l}{2}.$$

Flächeninhalt der Momentenlinie F_M:

$$F_M = 2\int_0^{l/2} M_x \,\mathrm{d}x = 2\,q \int_0^{l/2} \left(\frac{l\,x}{4} - \frac{x^3}{3\,l}\right) \mathrm{d}x = 2\,q \left(\frac{l\,x^2}{8} - \frac{x^4}{12\,l}\right)_0^{l/2} = \frac{5\,q\,l^3}{96}.$$

4. Funktion:

$$\frac{\mathrm{d}y}{\mathrm{d}x} = \frac{1}{EJ}\int - M_{(x)}\,\mathrm{d}x + C^3 = \frac{q}{24\,l}(2\,x^4 - 3\,l^2\,x^2) + C_3.$$

Für $x = 0$ wird C_3 die *Auflagerkraft* der *gedachten Belastung* $\frac{M}{EJ}$, also $\frac{F_M}{2\,EJ}$

$$C_3 = \frac{5\,q\,l^3}{192\,EJ}$$

und damit

$$\frac{\mathrm{d}y}{\mathrm{d}x} = \frac{q}{192\,EJ\,l}(16\,x^4 - 24\,l^2\,x^2 + 5\,l^4).$$

Eine weitere Integration liefert die Gleichung der elastischen Linie, gültig im Bereich $0 \leq x \leq \frac{l}{2}$, als:

$$y = \frac{x}{960\,EJ\,l}(16\,x^5 - 40\,l^2\,x^3 + 25\,l^4\,x) + C_4.$$

Da für $x = 0$ die Durchbiegung am Auflager Null wird, muß $C_4 = 0$ sein.

Führen wir noch den Verhältniswert $\xi = \frac{x}{l}$ ein, so geht die Gleichung der elastischen Linie über in

$$y = \frac{q\,l^4}{960\,EJ}(16\,\xi^5 - 40\,\xi^3 + 25\,\xi),$$

was für $x = \frac{l}{2}$ und $\xi = \frac{1}{2}$ den Wert der maximalen Durchbiegung

$$\underline{y_{\max} = \frac{q\,l^4}{120\,EJ}}$$

ergibt.

Da vorliegendes Tabellenwerk in der Hauptsache für die Berechnung von Durchlaufträgern gedacht ist, sind Durchbiegungsformeln vollständig außer acht gelassen worden. Werte, die für den Einfeldbalken hätten abgeleitet werden können, sind für Lastkombinationen in vielen Fällen unbrauchbar und selbst für Abschätzungen zu ungenau.

Die in diesem Abschnitt dargestellten differentialgeometrischen Zusammenhänge erlauben bei bekannter Belastung eine *qualitative* Darstellung der Querkräfte und Momente und stellen somit eine ausgezeichnete Kontrollmöglichkeit gerechneter Werte dar. Dies gilt ganz besonders für Rahmenkonstruktionen.

D. Anwendungsbeispiele für die Tabellenwerte für den Einfeldbalken unter Vertikallast

1. Beispiel:

Gegeben sei ein Zweifeldbalken nach Abb. 11a—c. $EJ = \text{const}$.

Der Balken soll nach der Dreimomentengleichung berechnet werden.

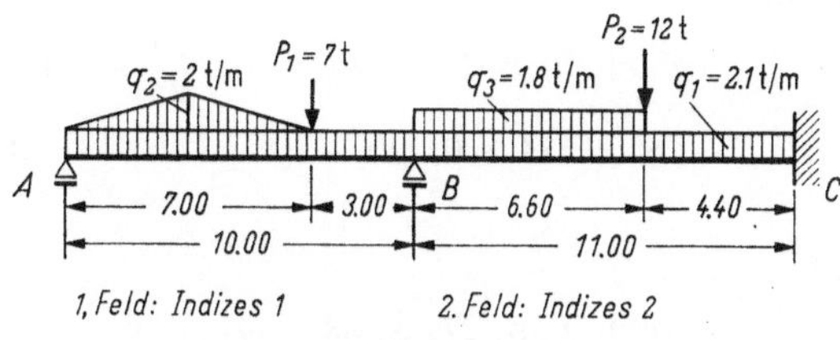

Abb. 11a

$$42\,M_B + 11\,M_C = -6\,(\beta_{01} + \alpha_{02})$$
$$11\,M_B + 22\,M_C = -6\,\beta_{02}\,.$$

Bezeichnen wir mit

$$a_B = -6\,(\beta_{01} + \alpha_{02})$$

und mit

$$a_C = -6\,\beta_{02}$$

so wird

$$M_B = \frac{\begin{vmatrix} a_B & 11 \\ a_C & 22 \end{vmatrix}}{\begin{vmatrix} 42 & 11 \\ 11 & 22 \end{vmatrix}} \quad \text{und} \quad M_C = \frac{\begin{vmatrix} 42 & a_B \\ 11 & a_C \end{vmatrix}}{\begin{vmatrix} 42 & 11 \\ 11 & 22 \end{vmatrix}}\,.$$

Die Werte a_B und a_C ermitteln sich wie folgt:

β_{01}: Dies ist der EJ-fache Auflagerdrehwinkel am rechten Auflager (daher β) am statisch bestimmten Einfeldbalken (daher Index $_0$) im 1. Feld (daher Index $_1$).

1. Aus Last $q_1 = 2.1$ t/m:

Nach Tab. 1, S. 29, $n = 1$

$2.1 \times 10^3 \times 0.042 =$ 88.2

2. Aus Last $q_2 = 2.4$ t/m:

Nach Tab. 10, S. 38, $n = 0.7$

$2.4 \times 10^3 \times 0.017 =$ 40.8

3. Aus Last $P_1 = 7$ t:

Nach Tab. 27, S. 83

$7.0 \times 10^2 \times 0.060 =$ 42.0

$\beta_{01} = 171.0$

α_{02}: Dies ist der EJ-fache Auflagerdrehwinkel am linken Auflager (daher α) am statisch bestimmten Einfeldbalken (daher Index $_0$) im 2. Feld (daher Index $_2$).

1. Aus Last $q_1 = 2.1$ t/m:

Nach Tab. 1, S. 29, $n = 1$

$2.1 \times 11^3 \times 0.042 =$ 117.4

2. Aus Last $q_3 = 1.8$ t/m:

Nach Tab. 1, S. 29, $n = \frac{6.6}{11} = 0.6$

$1.8 \times 11^3 \times 0.029 =$ 69.5

3. Aus Last $P_2 = 12$ t:

Nach Tab. 27, S. 83, $n = 0.6$

$12.0 \times 11^2 \times 0.056 =$ 81.3

$\alpha_{02} = 268.2$

β_{02}: Dies ist der EJ-fache Auflagerdrehwinkel am rechten Auflager des statisch bestimmten Einfeldbalken im 2. Feld.

1. Aus Last $q_1 = 2.1$ t/m:

Nach Tab. 1, S. 29, $n = 1$

$2.1 \times 11^3 \times 0.042 =$ 117.4

2. Aus Last $q_3 = 1.8$ t/m:

Nach Tab. 1, S. 29, $n = 0.6$

$1.8 \times 11^3 \times 0.025 =$ 59.9

3. Aus Last $P_2 = 12$ t:

Nach Tab. 27, S. 83, $n = 0.6$

$12 \times 11^2 \times 0.064 =$ 92.9

$\beta_{02} = 270.2$

Aus diesen Werten folgt:

$$a_B = -6 \times (171.0 + 268.2) = -2635.2$$

$$a_C = -6 \times 270.2 = -1621.2$$

und damit weiter:

$$\underline{M_B} = \frac{\begin{vmatrix} -2635.2 & 11 \\ -1621.2 & 22 \end{vmatrix}}{\begin{vmatrix} 42 & 11 \\ 11 & 22 \end{vmatrix}} = -\frac{40141.2}{803} = \underline{-50.0\,\text{mt}}$$

$$\underline{M_C} = \frac{\begin{vmatrix} 42 & -2635.2 \\ 11 & -1621.1 \end{vmatrix}}{803} = -\frac{39103.2}{803} = \underline{-48.7\,\text{mt}}.$$

Nun soll noch der Momenten- und Querkraftverlauf dargestellt werden:

Die M-Flächen:

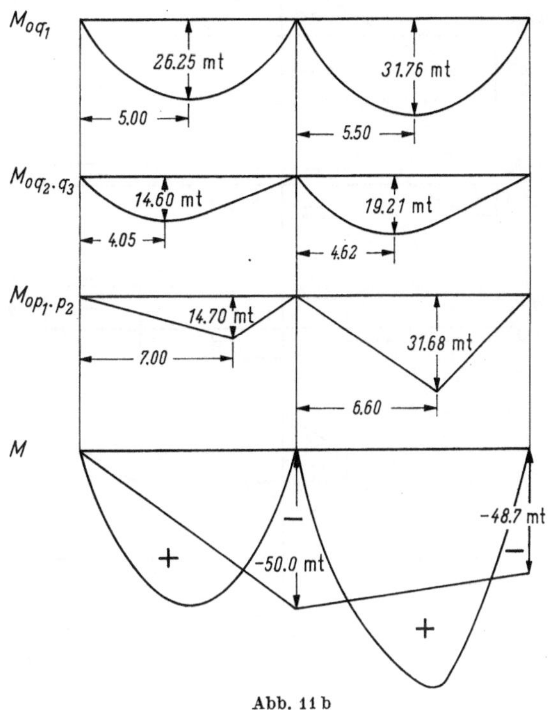

Abb. 11 b

1. Feld:

a) Infolge q_1; $M_{0\max} = k_7 q_1 l^2$.

Nach Tab. 1:

$M_{0\max} = 0.125 \times 2.1 \times 100 = 26.25$ mt

bei $x_m = k_8 l = 0.5 \times 10 = 5.0$ m

b) Infolge q_2: $M_{0\max} = k_7 q_2 l^2$.

Nach Tab. 10:

$M_{0\max} = 0.061 \times 2.4 \times 100 = 14.6$ mt

bei $x_m = 0.405 \times 10 = 4.05$ m

c) Infolge; $P_1 = 7$ t, $M_{0\max} = k_7 P_1 l$.

Nach Tab. 27:

$M_{0\max}\ 0.21 \times 7 \times 10 = 14.70$ mt

bei $x_m = nl = 0.7 l = 7.00$ m

2. Feld:

a) Infolge q_1: Nach Tab. 1:

$M_{0\max} = 0.125 \times 2.1 \times 121 = 31.76$ mt

bei $x_m = 0.5 l = 5.50$ m

b) Infolge q_3: Nach Tab. 1:

$M_{0\max} = 0.088 \times 1.8 \times 121 = 19.2$ mt

bei $x_m = 0.42 \times 11 = 4.62$ m

c) Infolge P_2: Nach Tab. 27:

$M_{0\max} = 0.24 \times 12 \times 11 = 31.68$ mt

Die Q-Flächen:

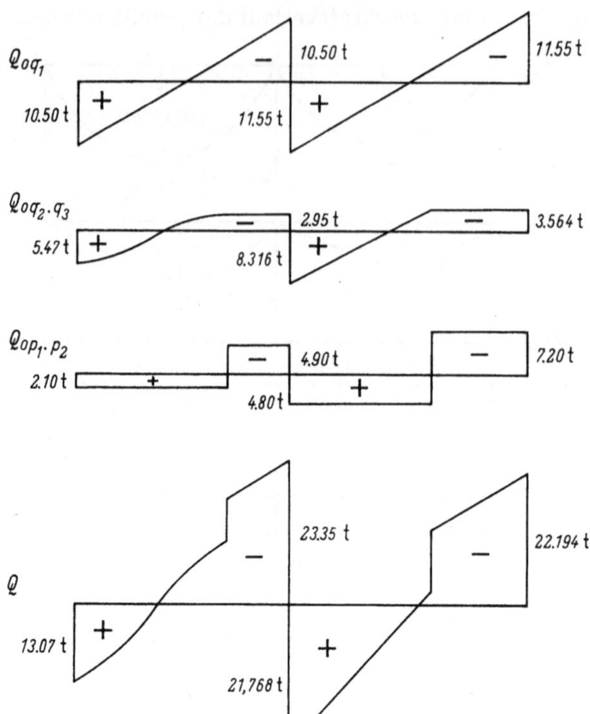

Abb. 11 c

1. **Feld:**

a) Infolge q_1:

$$Q_{01} = k_3 q_1 l, \quad Q_{02} = k_4 q_1 l.$$

Nach Tab. 1:

$$Q_{01} = 0.5 \times 2.1 \times 10 = 10.5 \text{ t}$$
$$Q_{02} = Q_{01} = 10.5 \text{ t}$$

b) Infolge q_2:

Nach Tab. 10:

$$Q_{01} = 0.228 \times 2.4 \times 10 = 5.47 \text{ t}$$
$$Q_{02} = 0.123 \times 2.4 \times 10 = 2.95 \text{ t}$$

c) Infolge P_1:

Nach Tab. 27:

$$Q_{01} = 0.3 \times 7 = 2.10 \text{ t}$$
$$Q_{02} = 0.7 \times 7 = 4.90 \text{ t}$$

2. **Feld:**

a) Infolge q_1:

Nach Tab. 1:

$$Q_{01} = Q_{02} = 0.5 \times 2.1 \times 11.0 = 11.55 \text{ t}$$

b) Infolge q_3:

Nach Tab. 1:

$$Q_{01} = 0.42 \times 1.8 \times 11.0 = 8.316 \text{ t}$$
$$Q_{02} = 0{,}18 \times 1.8 \times 11.0 = 3.564 \text{ t}$$

c) Infolge P_2: Nach Tab. 27:

$$Q_{01} = 0.4 \times 12 = 4.800 \text{ t}$$

$$Q_{02} = 0.6 \times 12 = 7.200 \text{ t}$$

Zur qualitativen Bestimmung der Q_0-Flächen läßt sich das in Abs. B Gesagte anwenden. Da $Q_x = -\int q_x \mathrm{d}x + C$ ist, kann sofort festgestellt werden, daß die Q-Linie
infolge q_1: eine lineare Funktion mit Nullpunkt je in $l/2$ ist,

infolge q_2: eine Parabel 3. Grades ist, die von zwei horizontalen Tangenten begrenzt wird ($q_{x2} = 0$) ihre größte Steigung im Symmetrie-(Wende-)punkt bei $x = 3.50$ m hat, (wo q_{x2} seinen Maximalwert besitzt) und im Bereich $7.00 \leq x \leq 10.00$ konstant ($= Q_{02}$) bleibt, weil dort $q_{x2} = 0$ ist. Der Nullpunkt liegt bei $x_m = 4.05$ m gemäß $\frac{\mathrm{d}M_x}{\mathrm{d}x} = Q_x$. Wo $Q_x = 0$, wird $M_x \to M_{\max}$,

infolge q_3: eine lineare Funktion mit der Nullstelle bei $x_m = 4.62$ m wiederum gemäß $\frac{\mathrm{d}M_x}{\mathrm{d}x} = Q_x$.

Für die Superposition ist schlußendlich noch der Einfluß der Momente zu berücksichtigen, was eine additive Konstante ergibt und zwar

für das erste Feld $\quad Q_{1M} = -\frac{50.0}{10} = -5.0$ t

für das zweite Feld $\quad Q_{2M} = -\frac{48.7 - 50.0}{11} = +0.12$ t.

Die Querkräfte an den Auflagern sind also:

Rechts von A: $10.50 + 5.47 + 2.10 - 5.00 = 13.07$ t

Links von B: $-10.50 - 2.95 - 4.90 - 5.00 = -23.35$ t

Rechts von B: $+11.55 + 8.316 + 4.800 + 0.12 = 24.786$ t

Links von C: $-11.55 - 3.564 - 7.200 + 0.12 = -22.194$ t

Die Auflagerkräfte:

$$A = 13.07 \text{ t}$$

$$B = 23.35 + 24.786 = 48.136 \text{ t}$$

$$C = 22.194 \text{ t}$$

Schlußkontrolle:

Die Summe der Auflagerkräfte $13.070 + 48.136 + 22.194 = 83.400$ t muß gleich dem Total aller Lasten sein:

$$21.00 \times 2.1 + 7.00 \times 0.5 \times 2.4 + 6.60 \times 1.8 + 7.00 + 12.00 = 83.380 \text{ t}$$

Der Fehler, der durch Aufrundungen entstanden ist, beträgt

$$\underline{\Delta} = \frac{0.02}{83.38} = 0.00024 = \underline{0.24{}^0/_{00}}.$$

2. Beispiel:

Es sollen zu nachstehendem Dreifeldbalken die Stützenmomente nach der Methode von Cross ermittelt werden.

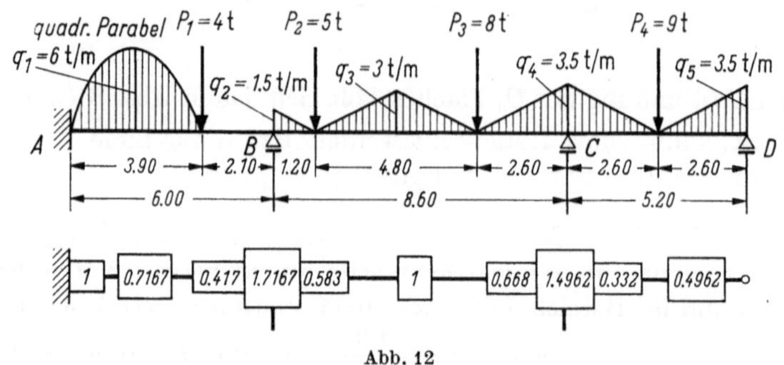

Abb. 12

Die Steifigkeiten s:

Es seien die Trägheitsmomente

$$J_2 : J_1 = 2$$
$$J_2 : J_3 = 2.5\,.$$

Bezogen auf das Mittelfeld mit $s_2 = 1$ wird dann

$$s_1 = \frac{8.6}{6.0} \times \frac{1}{2} = 0.7167\,; \qquad s_2 = 1\,; \qquad s_3 = \frac{8.6}{5.2} \times \frac{1}{2{,}5} \times 0.75 = 0.4962\,.$$

Die Ermittlung der Volleinspannmomente:

1. Feld:

a) Aus q_1 nach Tab. 16 mit $n = \frac{3.90}{6.00} = 0.65$: $\quad M_1$ (mt) $\quad -M_2$ (mt)

$M_1 = k_1 q l^2 = 0.055 \times 6.0 \times 36.0 = 11.88$

$M_2 = k_2 q l^2 = 0.031 \times 6.0 \times 36.0 = \qquad 6.70$

b) Aus P_1 nach Tab. 27 mit $n = 0.65$:

$M_1 = k_1 P l = 0.080 \times 4 \times 6.0 = 1.92$

$M_2 = k_2 P l = 0.148 \times 4 \times 6.0 = \qquad 3.55$

Total 1. Feld = 13.70 $\qquad$ 10.25

2. Feld:

a) Aus q_2 nach Tab. 5 mit $n = \frac{1.20}{8.60} = 0.14$:

$M_1 = k_1 q l^2$

Interpolation für k_1:

$k_1 = 0.002 + \frac{4}{5} \times 0.001 = 0.003$

$M_1 = 0.003 \times 1.5 \times 8.6^2 = 0.333$

$M_2 = k_2 q l^2$

Interpolation für k_2:

$k_2 = 0.000 + \frac{4}{5} \times 0.000 = 0.000$

$M_2 = 0.000 \times 1.5 \times 8.6^2 = \qquad 0.000$

Übertrag: 0,333 $\qquad$ 0,000

		M_1 (mt)	$-M_2$ (mt)
Übertrag 2. Feld		0,333	0,000
b) Aus q_3 nach Tab. 24, $m = 0.14$, $n = 0.56$			
$M_1 = k_1 q l^2$			
Interpolation für k_1:			
$k_1 = 0.036$			
$M_1 = 0.036 \times 3.0 \times 8.6^2$	=	7.988	
$M_2 = k_2 q l^2$			
Interpolation für k_2:			
$k_2 = 0.028$			
$M_2 = 0.028 \times 3.0 \times 8.6^2$	=		6.213
c) Aus P_2 nach Tab. 27, $n = 0.14$			
$k_1 = 0.103$; $k_2 = 0.017$			
$M_1 = 0.103 \times 5 \times 8.6$	=	4.429	
$M_2 = 0.017 \times 5 \times 8.6$	=		0.731
Aus P_3 nach Tab. 27, $n = \frac{6.0}{8.6} = 0.7$			
$k_1 = 0.063$; $k_2 = 0.147$			
$M_1 = 0.063 \times 8 \times 8.6$	=	4.334	
$M_2 = 0.147 \times 8 \times 8.6$	=		10.114
d) Aus q_4 nach Tab. 5, $n = \frac{2.60}{8.60} = 0.302$			
$k_1 = 0.002$, $k_2 = 0.011$			
$M_1 = 0.002 \times 3.5 \times 8.6^2$	=	0.518	
$M_2 = 0.011 \times 3.5 \times 8.6^2$	=		2.848
Total 2. Feld:		17.602	19.906

3. Feld:

a) Aus q_4 und q_5. Symmetrie! Nach Tab. 7, $n = 0.5$

$M_1^0 = k_1^0 q l$, $\quad k_1^0 = 0.047$

$M_1^0 = 0.047 \times 3.5 \times 5.2^2 \quad = 4.448$

b) Aus P_4 nach Tab. 27, $n = 0.5$

$M_1^0 = 0.188 \times 9 \times 5.2 \quad = 8.798$

Total 3. Feld = 13.246 mt

Stütze B (oben)	Stütze C (oben)
− 14.66	− 16.46
− 0.12	+ 0.57
− 1.23	− 0.86
− 3.06	+ 5.09
− 10.25	− 2.15
	− 19.91

A	B	C
+ 13.70	+ 17.60	+ 13.25
− 1.53	− 4.29	+ 2.92
− 0.62	+ 2.95	+ 0.29
+ 11.55	− 1.72	+ 16.46
	+ 0.29	
	− 0.17	
	+ 14.66	

Die gesuchten Stützenmomente sind:

$M_A = -11.55$ mt
$M_B = -14.66$ mt
$M_C = -16.46$ mt
$M_D = 0$.

Wie dieses Beispiel deutlich zeigt, kommen bei mehreren verteilten Lasten im gleichen Feld stets wieder die Quadrate der Spannweiten vor.

Setzt sich also ein Moment M_1 zusammen aus:

$$M_1 = k_1' q' l^2 + k_1'' q'' l^2 + \cdots + k_1^{(n)} q^{(n)} l^2,$$

so ermittelt man einfacher

$$M_1 = l^2 (k_1' q' + k_1'' q'' + \cdots + k_1^{(n)} q^{(n)}).$$

Bei Einzellasten geht man analog vor, indem man

$$M_1 = k_1' P' l + k_1'' P'' l + \cdots + k_1^{(n)} P^{(n)} l$$

ermittelt als

$$M_1 = l (k_1' P' + k_1'' P'' + \cdots + k_1^{(n)} P^{(n)}).$$

Hierzu das nächste Beispiel:

3. Beispiel:

Ermittlung der Volleinspannmomente eines an einem Ende voll eingespannten Dreifeldträgers.

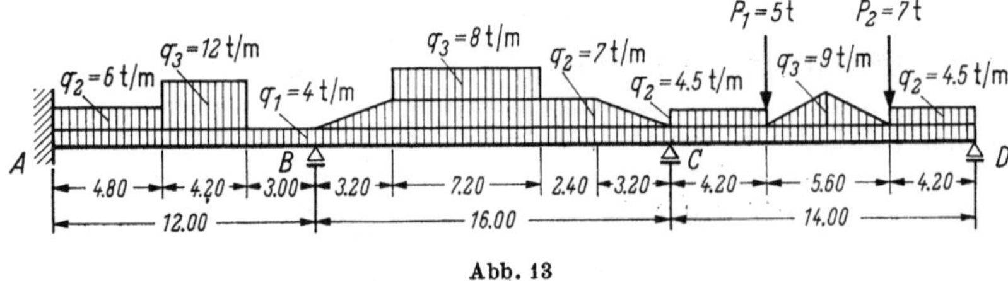

Abb. 13

Die Berechnung erfolgt am einfachsten in einer Tabelle:

Feld	Last	Tab. Nr.	m	n	k_1 od. k_1^0	$k_{1i}\, q_i$	k_2	$k_{2i}\, q_i$	l	l^2
1	$q_1 = 4.0$	1	0	1.0	0.083	0.332	0.083	0.332	12.0	144.0
	$q_2 = 6.0$	1	0	0.4	0.044	0.264	0.015	0.090		
	$q_3 = 12.0$	22	0.4	0.35	0.035	0.420	0.047	0.564		
						$\Sigma k_{1i}\, q_i = 1.016$		$\Sigma k_{2i}\, q_i = 0.996$		
		$M_1 = 144.0 \times 1.016 = 146.30$ mt.					$M_2 = 144.0 \times 0.996 = 143.42$ mt.			
2	$q_1 = 4.0$	1	0	1.0	0.083	0.332	0.083	0.332	16.0	256.0
	$q_2 = 7.0$	13	0.2		0.077	0.539	0.077	0.539		
	$q_3 = 8.0$	22 A	0.2	0.45	0.058	0.464	0.045	0.360		
						$\Sigma k_{1i}\, q_i = 1.335$		$\Sigma k_{2i}\, q_i = 1.231$		
		$M_1 = 256.0 \times 1.335 = 341.76$ mt.					$M_2 = 256.0 \times 1.231 = 315.13$ mt.			
3	$q_1 = 4.0$	1	0	1.0	0.125	0.500			14.0	196.0
	$q_2 = 4.5$	3		0.3	0.054	0.405				
	$q_3 = 9.0$	11		0.4	0.037	0.333				
						$\Sigma k_{1i}^0\, q_i = 1.238$				
	$P_1 = 5.0$	27		0.3	0.179	0.895				
	$P_2 = 7.0$	27		0.7	0.137	0.959				
						$\Sigma k_{1i}^0\, P_i = 1.854$				
				$M_1^0 = 196.0 \times 1.238 + 14.0 \times 1.854 = 268.60$ mt.						

An dieses Beispiel soll noch eine Betrachtung über die Genauigkeit angeknüpft werden.

Bei Berücksichtigung von 5 Dezimalstellen bei den k-Werten, würde

im 1. Feld $M_1 = 146.92$ m $M_2 = 141.42$ m,

im 2. Feld $M_1 = 342.14$ m $M_2 = 315.35$ m,

im 3. Feld · $M_1 = 267.69$ m

werden.

Der mittlere Fehler bei nur 3 Dezimalstellen bei den k-Werten und damit der mittlere Fehler vorliegender Tabellen beträgt demnach

$$\Delta_m \sim 0{,}4\,\%.$$

E. Die Tabellen zur Ermittlung der statisch unbestimmten Momente aus Vorspannung (Tab. V-1 bis V-5)

1. Allgemeines

Bei der Bestimmung der Vorspannung eines Balkens sind grundsätzlich zwei Daten festzulegen:

die Vorspannkraft und
die Lage des Spanngliedes.

Die Vorspannkraft V ergibt sich normalerweise aus der Dimensionierung der Hauptquerschnitte, wo dann bei gegebenem V eine Spanngliedexzentrizität e resultiert. Je nach Lage der Spannköpfe ergibt sich dann eine Verbindungslinie dieser Hauptexzentrizitäten (z. B. e_{m_1}, e_2 und

e_{m_2} in Abb. 14) durch das Spannglied selbst, wobei nach Möglichkeit der Verlauf des Spanngliedes demjenigen der Momentengrenzwertlinie entsprechen soll.

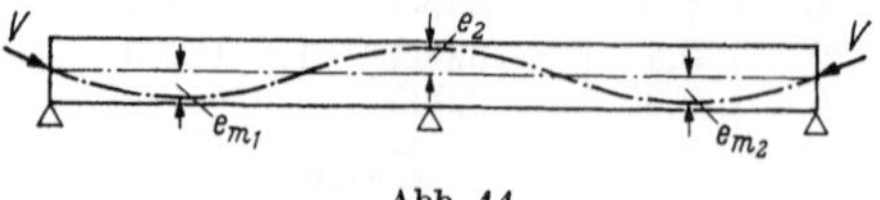

Abb. 14

Die Kurven, die dieser Forderung gerecht werden, sind Parabeln 2. und höheren Grades. Da bei statisch unbestimmten Systemen in der Praxis stets zusätzliche Kräfte und Momente (unbestimmte Vorspannmomente oder *parasitäre Momente*) aus der Vorspannung selbst entstehen, die ihrerseits die ursprünglichen Grenzwertlinien aus den äußeren Belastungen $g + p = q$ verändern, ist es wünschbar, diese Momente möglichst ohne viel Rechenarbeit überblicken zu können. Dieser Forderung entsprechen die Tab. V-1 bis V-5.

Sofern Spannglieder einen gekrümmten Verlauf aufweisen, ist beim Spannen ein *Reibungsverlust* unvermeidlich. Je nach Art des Spanngliedtypes gehorchen die Reibungskräfte einem anderen Gesetz oder, sofern das grundlegende Reibungsgesetz gleich ist, variieren die Koeffizienten dieser Gesetze. Überdies sind die Vorschriften für die Berücksichtigung der Reibung von Fall zu Fall verschieden. – Wegen dieser Mannigfaltigkeit wurde in den vorstehenden Tabellen der *Reibungseinfluß vernachlässigt*.

Die Reibungsverluste, die in einem Einzelfeld, wie es hier stets behandelt wird, auftreten können, beeinflussen die statisch unbestimmten Momente $\overline{M}$ etwa in der Größenordnung von 3%.

Das aus der Spannkraft V, die in einem beliebigen Schnitt mit der Exzentrizität e_x wirkt, resultierende Moment ist $M_v = V e_x \cos\varphi$, wobei φ der Neigungswinkel des Spanngliedes im Schnitte x ist. Normalerweise liegen die Spannglieder sehr flach, so daß φ sehr klein und $\cos\varphi \sim 1$ wird. In den Formeln und Tab. V-1 bis V-5 wurde $\cos\varphi = 1$ gesetzt. Der daraus auf die statisch unbestimmten Momente sich auswirkende Fehler ist im Allgemeinen kleiner als 1%.

Die durch die Vernachlässigung der Reibung und durch die Annahme $\cos\varphi = 1$ entstehenden Fehler sind klein. Da es sich bei den vorstehenden Tabellen um Werte zur Abschätzung des Einflusses der Vorspannung auf die statisch unbestimmten Größen handelt, ist die erwähnte Vereinfachung durchaus tragbar. Bei wichtigeren Bauwerken sind die Einflüsse der Reibung in der definitiven Berechnung selbstverständlich nachzuweisen. Das Gleiche gilt für die Relaxation der Spannglieder wie auch für das Schwinden und Kriechen des Betons.

2. Erläuterung der Tabellen

Die *Tab. V-1* behandelt die Spannglieder, welche nach einer Parabel 2. Ordnung verlegt werden. Es sind hier alle erforderlichen Koeffizienten für ein Spanngliedstück zwischen seiner Endverankerung und dem Punkte der größten Feldexzentriziät (Spanngliedstelle mit horizontaler Tangente) aufgestellt worden.

Soll nun ein über das ganze Feld verlaufendes Spannglied in seiner Wirkung untersucht werden, so addiert man zwei entsprechende Werte, wobei nur darauf zu achten ist, daß die beiden Teilstrecken in den Tabellen spiegelverkehrt erscheinen (vgl. hierzu die Beispiele im 3. Abschnitt!). Für Kombinationen mit Parabelstücken 3. Grades stehen die fertigen Werte in der Tabelle V-4 zur Verfügung.

Die *Tab. V-2* behandelt ganz analog zur Tab. V-1 die Fälle der sogenannten Chapeau-Kabel, die über den Zwischenstützen zusätzlich angeordnet werden können und nach Parabeln 2. Grades verlaufen, ebenfalls in Teilstücken. Da diese Kabel jeweils zwei Felder mit meistens verschiedenen Spannweiten betreffen, ist die Behandlung in Teilstücken angezeigt; dies um so mehr, als der Momentenausgleich oder die Berechnung nach Clapeyron ohnehin stattfinden muß (Grundgrößen auf verschiedenen Seiten der Zwischenstütze!).

Bei den Chapeau-Kabeln ist der Fehler, welcher durch die Annahme $\cos\varphi = 1$ entsteht, erheblich größer als im Normalfall, spielt jedoch dadurch, daß die Chapeau-Kabel kurz sind, keine ins Gewicht fallende Rolle für das Gesamtfeld und seine Größen.

Die *Tab. V-3* betrifft Spannglieder nach kubischen Parabeln, wie sie bei Zwischenstützen vorkommen, ebenfalls wieder in Teilstücken zwischen zwei Punkten mit horizontalen Tangenten. Eine Kombination zweier Teilstücke läßt hier alle Möglichkeiten offen (vgl. auch Tab. V-4 und V-5).

Die *Tab. V-4* stellt die Werte für die Spannglieder zusammen, die aus einem nach einer quadratischen Parabel verlaufenden Teilstück und einem zweiten besteht, welches eine kubische Parabel darstellt.

Diese Fälle kommen speziell in Endfeldern vor. Die Tabellenwerte sind fixfertig und bedürfen keiner Superposition.

Die *Tab. V-5* schließlich gibt die fixfertigen Werte für Innenfelder wieder, wo zwei Teile je nach einer kubischen Parabel verlaufen. Diese Tabellen sind gruppiert nach den Verhältniswerten $r = e_1 : e_2$, wobei e_1 die Exzentrizität über der linken, e_2 diejenige über der rechten Stütze bedeutet.

3. Anwendungsbeispiele

a) 1. Beispiel:

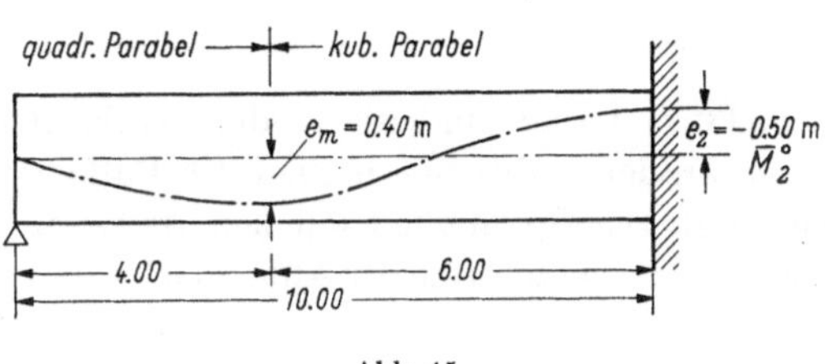

Abb. 15

Es soll das Moment $\overline{M}_2^0$ eines Kabels nach Abb. 15 ermittelt werden.

$$s = 4.00 = nl \qquad n = 0.4 \qquad m = e_m : (-e_2) = 0.80$$

Nach Tab. V-1 ist für $n = 0.4$ $k_{12}^0 = 0.2000$ und demnach das aus dem linken Spanngliedteil resultierende Moment

$$\overline{M}_{2l}^0 = 0.200\, e_m V$$

Nach Tab. V-3 ist jetzt für $n = 0.6$ und $m = 0.80$ der entsprechende Wert k_{12} zu ermitteln. Dieser folgt als $k_{12}^0 = -0.320$, so daß das dem rechten Spanngliedteil entsprechende Moment $\overline{M}_{2r}^0 = -0.320\, V e_2$ ist. Das totale Moment ergibt sich dann als Überlagerung der Anteile aus den beiden Teilstücken:

$$\overline{M}_2^0 = 0.200\, e_m V - 0.320\, e_2 V.$$

Mit $e_2 = \frac{1}{m} e_m$ wird $e_2 = 1.25\, e_m$ und

$$\overline{M}_2^0 = (0.200 - 1.25 \times 0.320)\, e_m V = -0.200\, e_m V.$$

Diesen durch die Anwendung der Tabellen für die Spanngliedteilstrecken erhaltenen Wert hätten wir auch direkt erhalten können, indem wir auf diesen Kombinationsfall direkt die Tab. V-4 angewandt hätten.

Unter Beachtung der dortigen Bezeichnung $s = nl$ finden wir unter $n = 0.60$ und $m = 0.8$ für k_{12}^0 den Wert -0.201, also genau denselben Koeffizienten, wie er sich durch die Behandlung der Teilstrecken nach Tab. V-1 und V-2 ergeben hat, der Fehler von 0,5% resultiert aus Auf- und Abrundungen. Mit $e_m = 0.40$ m folgt das Volleinspannmoment $\overline{M}_2^0$ als

$$\overline{M}_2^0 = -0.201 \times 0.40\, V = -0.0804\, V \qquad \text{in mt}.$$

b) 2. Beispiel:

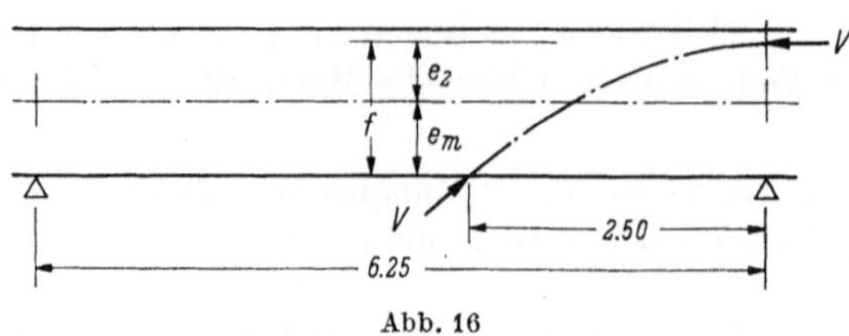

Abb. 16

Ein Chapeau-Kabel habe eine Pfeilhöhe $f = e_2 + e_m = 0.85$ m und sei gemäß Abb. 16 im Abstand von 2.50 m vom Auflager eines 6.25 m langen Feldes verankert.

Zu bestimmen ist der Auflagerdrehwinkel $\bar{\beta}_0$.

In Anwendung der Tab. V-2 wird bei $s = nl = 2.50$ m, $n = 0.40$

$$\bar{\beta}_0 = k_{15}\, V f l \qquad k_{15} = 0.200$$

$$\bar{\beta}_0 = 0.200 \times 0.85 \times 6.25 = 1.0625\, V.$$

c) 3. Beispiel:

Für ein Innenfeld von 22.00 m Länge sind die beiden Auflagerdrehwinkel $\bar{\alpha}_0$ und $\bar{\beta}_0$ zu ermitteln und ferner die Stellen, an denen das Spannglied die Balkenschwerachse schneidet (Stellen mit zentrischer Vorspannung). Das Spannglied soll sich, da es ein Innenfeld betrifft, aus zwei Teilen kubischer Parabeln zusammensetzen (hierzu Abb. 17).

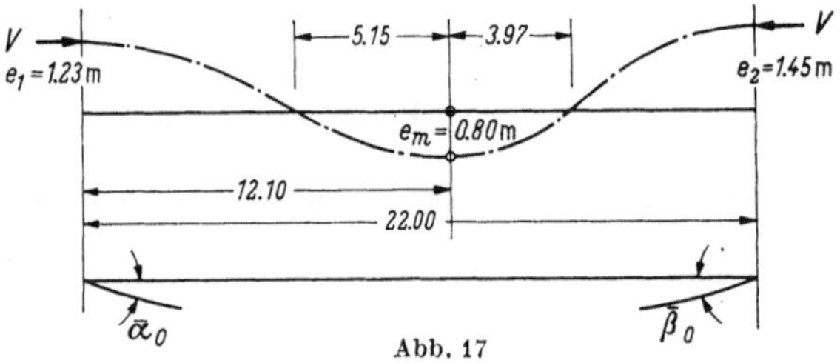

Abb. 17

Wir wollen zunächst die Aufgabe nach Tab. V-3 lösen, wobei das Spannglied in zwei Teilen betrachtet wird:

Linker Teil:

$$n_l = 12.10 : 22.00 = 0.55$$

$$m_l = e_m : (-e_1) = 0.8 : 1.23 = 0.65.$$

Für den linken Teil ist die Tab. V-3 spiegelbildlich anzuwenden:

Anteil an $\bar{\alpha}_0$: Wegen der Spiegelbildlichkeit nicht k_{14} sondern k_{15}:

$$\bar{\alpha}_{0\,l} = k_{15}\, V e_1 \qquad k_{15} = 0.120.$$

Anteil an $\bar{\beta}_0$: Wegen der Spiegelbildlichkeit nicht k_{15} sondern k_{14}:

$$\bar{\beta}_{0\,l} = k_{14}\, V e_1 \qquad k_{14} = -0.023.$$

Rechter Teil:

Für diesen wird die Tabelle der Annahmenskizze entsprechend direkt und nicht spiegelbildlich angewendet.

Hier sind dann:

$$n_r = 1 - 0.55 = 0.45$$

$$m_r = e_m : (-e_2) = 0.8 : 1.45 = 0.5517\,.$$

Anteil an $\bar{\alpha}_0$:

$$\bar{\alpha}_{0r} = k_{14}\, V\, e_2 \qquad k_{14} = -0.009 \quad \text{(interpoliert)}$$

Anteil an $\bar{\beta}_0$:

$$\bar{\beta}_{0r} = k_{15}\, V\, e_2 \qquad k_{15} = 0.110\,.$$

Die Totalwerte ergeben sich dann als Superpositionen der Anteile aus rechtem und linkem Spanngliedteil:

$$\bar{\alpha}_0 = 0.120\, V\, e_1 - 0.009\, V\, e_2$$

und mit $r = e_1 : e_2 = 0.85$ wird $e_1 = 0.85 e_2$, so daß

$$\bar{\alpha}_0 = (0.85 \times 0.120 - 0.009)\, V\, e_2$$

$$\underline{\bar{\alpha}_0 = 0.093\, V\, e_2}$$

$$\bar{\beta}_0 = -0.023\, V\, e_1 + 0.110\, V\, e_2 = (0.110 - 0.85 \times 0.023)\, V\, e_2$$

$$\underline{\bar{\beta}_0 = 0.090\, V\, e_2\,.}$$

Der zweite Lösungsweg, der direkte, geht über die Tab. V-5, wo für diesen Fall die fixfertigen Koeffizienten abzulesen sind:

Zunächst die unentbehrlichen Parameter:

$$r = e_1 : e_2 = 0.85$$

$$n = 0.55$$

$$m = e_m : (-e_2) = 0.5517\,.$$

Für die Ermittlung von k_{14} soll die genaue Interpolation gegeben werden:

Unter $r = 0.85$ und $n = 0.55$ finden wir für

$$m = 0.55 \qquad k_{14} = 0.094$$

$$m = 0.60 \qquad k_{14} = 0.082 \qquad \text{Differenz } 0.012$$

Vom Wert 0,094 muß abgezogen werden

$$0.012\,\frac{17}{500} = 0.001\,.$$

Also ist der interpolierte Wert

$$\underline{k_{14} = 0.093\,.}$$

Analog ergibt sich für

$$\underline{k_{15} = 0.090\,.}$$

Damit folgt für die gesuchten Größen:

$$\bar{\alpha}_0 = 0.093\, V\, e_2 \quad \text{und} \quad \bar{\beta}_0 = 0.090\, V\, e_2\,,$$

Resultate, die genau mit denen aus Tab. V-3 übereinstimmen.

Es ist selbstverständlich, daß man nach Möglichkeit stets die Kombinationstabellen V-4 und V-5 anwendet. – In ganz außergewöhnlichen Fällen, die über den Rahmen der Tab. V-4 und V-5 hinausgehen, leisten die Tab. V-1 und V-3 sehr gute Dienste.

Der zweite Teil der Aufgabe: Ermittlung der Stellen mit der Exzentrizität $e_x = 0$ (Lage der Schnittpunkte des Spanngliedes mit der Balkenachse).

Linker Spanngliedteil: (Nach Tab. V-3b)

$$n_l = 0.55 \qquad m_l = 0.65 \qquad \bar{x}_{0\,l} = k_{16}\, l$$

$$k_{16} = 0.234$$

$$\bar{x}_{0\,l} = 0.234 \times 22.00 = 5.15\,\mathrm{m}\,,$$

gemessen von e_m gegen das linke Auflager.

Rechter Spanngliedteil: (Nach Tab. V-3b)

$$n_r = 0.45 \qquad m_r = 0.5517 \qquad \bar{x}_{0\,r} = k_{16}\, l$$

$$k_{16} = 0.181$$

$$\bar{x}_{0\,r} = 0.181 \times 22.00 = 3.97\,\mathrm{m}\,,$$

gemessen von e_m gegen das rechte Auflager hin.

Tabelle für die Verhältniswerte der Trägheitsmomente von Plattenbalken zu Rechteckquerschnitten

$$J_T = \mu \frac{b H^3}{12} = \mu J_{\square}$$

$$\mu = \frac{J_T}{J_{\square}}$$

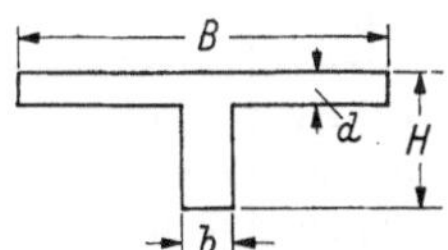

Tabellenwerte: μ

$H:d$	$B:b$											
	1.5	2.0	2.5	3.0	3.5	4.0	4.5	5,0	5.5	6.0	6.5	7.0
3.0	1.210	1.370	1.500	1.605	1.700	1.780	1.845	1.910	1.965	2.018	2.065	2.110
3.5	1.205	1.365	1.495	1.605	1.695	1.775	1.845	1.910	1.970	2.020	2.065	2.110
4.0	1.195	1.355	1.485	1.595	1.685	1.770	1.840	1.905	1.965	2.015	2.060	2.105
4.5	1.185	1.340	1.470	1.580	1.675	1.760	1.835	1.900	1.960	2.010	2.055	2.100
5.0	1.175	1.330	1.455	1.565	1.655	1.745	1.820	1.885	1.945	2.000	2.045	2.095
5.5	1.170	1.315	1.440	1.545	1.640	1.725	1.805	1.870	1.935	1.985	2.035	2.085
6.0	1.165	1.305	1.425	1.530	1.625	1.710	1.785	1.855	1.915	1.970	2.030	2.070
6.5	1.155	1.290	1.410	1.515	1.605	1.690	1.765	1.835	1.895	1.950	2.005	2.055
7.0	1.145	1.275	1.385	1.495	1.590	1.670	1.745	1.815	1.875	1.935	1.985	2.035
7.5	1.140	1.265	1.380	1.480	1.570	1.650	1.725	1.795	1.855	1.915	1.965	2.015
8.0	1.135	1.255	1.365	1.465	1.555	1.635	1.705	1.775	1.835	1.895	1.945	1.995
8.5	1.130	1.245	1.350	1.450	1.535	1.615	1.685	1.755	1.815	1.875	1.925	1.975
9.0	1.125	1.235	1.340	1.435	1.515	1.595	1.670	1.735	1.800	1.850	1.905	1.955
9.5	1.120	1.230	1.330	1.420	1.505	1.580	1.650	1.715	1.780	1.835	1.885	1.935
10.0	1.115	1.220	1.315	1.410	1.490	1.565	1.635	1.700	1.760	1.815	1.865	1.915
10.5	1.110	1.215	1.310	1.395	1.475	1.550	1.620	1.680	1.740	1.795	1.850	1.900
11.0	1.105	1.205	1.300	1.385	1.460	1.535	1.600	1.665	1.725	1.775	1.830	1.880
11.5	1.100	1.200	1.290	1.370	1.450	1.520	1.585	1.650	1.705	1.760	1.815	1.865
12.0	1.100	1.195	1.280	1.360	1.435	1.505	1.570	1.635	1.690	1.745	1.795	1.845
12.5	1.095	1.190	1.265	1.350	1.425	1.495	1.550	1.620	1.675	1.730	1.780	1.825
13.0	1.090	1.185	1.260	1.340	1.415	1.480	1.545	1.605	1.660	1.715	1.760	1.810
13.5	1.090	1.175	1.255	1.330	1.405	1.470	1.530	1.590	1.645	1.700	1.745	1.790
14.0	1.090	1.175	1.250	1.325	1.395	1.460	1.520	1.580	1.635	1.685	1.730	1.775
14.5	1.085	1.170	1,245	1.315	1.385	1.445	1.505	1.565	1.620	1.670	1.715	1.760
15.0	1.085	1.165	1.235	1.310	1.355	1.440	1.500	1.555	1.610	1.655	1.705	1.750

Tabelle der fünfstelligen Potenzen von $0 \leq n \leq 1$

n	n^2	n^3	n^4
0.00	0.00000	0.00000	0.00000
0.01	.00010	.00000	.00000
0.02	.00040	.00001	.00000
0.03	.00090	.00003	.00000
0.04	.00160	.00006	.00000
0.05	.00250	.00013	.00001
0.06	.00360	.00022	.00001
0.07	.00490	.00034	.00002
0.08	.00640	.00051	.00004
0.09	.00810	.00073	.00007
0.10	.01000	.00100	.00010
0.11	.01210	.00133	.00015
0.12	.01440	.00173	.00021
0.13	.01690	.00220	.00029
0.14	.01960	.00274	.00038
0.15	.02250	.00338	.00051
0.16	.02560	.00410	.00061
0.17	.02890	.00491	.00084
0.18	.03240	.00583	.00105
0.19	.03610	.00686	.00130
0.20	.04000	.00800	.00160
0.21	.04410	.00926	.00195
0.22	.04840	.01065	.00234
0.23	.05290	.01217	.00280
0.24	.05760	.01382	.00332
0.25	.06250	.01563	.00391
0.26	.06760	.01758	.00457
0.27	.07290	.01968	.00531
0.28	.07840	.02195	.00615
0.29	.08410	.02439	.00707
0.30	.09000	.02700	.00810
0.31	.09610	.02979	.00924
0.32	.10240	.03277	.01049
0.33	.10890	.03594	.01186

n	n^2	n^3	n^4
0.34	0.11560	0.03930	0.01336
0.35	.12250	.04288	.01501
0.36	.12960	.04666	.01680
0.37	.13690	.05065	.01874
0.38	.14440	.05487	.02085
0.39	.15210	.05932	.02313
0.40	.16000	.06400	.02560
0.41	.16810	.06892	.02826
0.42	.17640	.07409	.03112
0.43	.18490	.07951	.03419
0.44	.19360	.08518	.03748
0.45	.20250	.09113	.04101
0.46	.21160	.09734	.04478
0.47	.22090	.10382	.04880
0.48	.23040	.11059	.05308
0.49	.24010	.11765	.05765
0.50	.25000	.12500	.06250
0.51	.26010	.13265	.06765
0.52	.27040	.14061	.07312
0.53	.28090	.14888	.07890
0.54	.29160	.15746	.08503
0.55	.30250	.16638	.09151
0.56	.31360	.17562	.09835
0.57	.32490	.18519	.10556
0.58	.33640	.19511	.11317
0.59	.34810	.20538	.12117
0.60	.36000	.21600	.12960
0.61	.37210	.22698	.13846
0.62	.38440	.23833	.14776
0.63	.39690	.25005	.15753
0.64	.40960	.26214	.16777
0.65	.42250	.27463	.17851
0.66	.43560	.28750	.18975
0.67	.44890	.30076	.20151

n	n^2	n^3	n^4
0.68	0.46240	0.31443	0.21381
0.69	.47610	.32851	.22667
0.70	.49000	.34300	.24010
0.71	.50410	.35791	.25412
0.72	.51840	.37325	.26874
0.73	.53290	.38902	.28398
0.74	.54760	.40522	.29987
0.75	.56250	.42188	.31641
0.76	.57760	.43898	.33362
0.77	.59290	.45653	.35153
0.78	.60840	.47455	.37015
0.79	.62410	.49304	.38950
0.80	.64000	.51200	.40960
0.81	.65610	.53144	.43047
0.82	.67240	.55137	.45212
0.83	.68890	.57179	.47458
0.84	.70560	.59270	.49787
0.85	.72250	.61413	.52201
0.86	.73960	.63606	.54701
0.87	.75690	.65850	.57290
0.88	.77440	.68147	.59970
0.89	.79210	.70497	.62742
0.90	.81000	.72900	.65610
0.91	.82810	.75357	.68575
0.92	.84640	.77869	.71639
0.93	.86490	.80436	.74805
0.94	.88360	.83058	.78075
0.95	.90250	.85738	.81451
0.96	.92160	.88474	.84935
0.97	.94090	.91267	.88529
0.98	.96040	.94119	.92237
0.99	.98010	.97030	.96060
1.00	1.00000	1.00000	1.00000

Belastungsfall 1 (zu Tab. 1)

Gebundene Strecken-Gleichlast

$s = n\,l \qquad 0 \leq n \leq 1$

$$M_1 = -k_1\,q\,l^2 \qquad k_1 = \frac{n^2}{12}(6 - 8\,n + 3\,n^2)$$

$$M_2 = -k_2\,q\,l^2 \qquad k_2 = \frac{n^2}{12}(4 - 3\,n)$$

$$M^0_{1A} = -k^0_{1A}\,q\,l^2 \qquad k^0_{1A} = \frac{n^2}{8}(2 - n)^2$$

$$M^0_{1B} = -k^0_{1B}\,q\,l^2 \qquad k^0_{1B} = \frac{n^2}{8}(2 - n^2)$$

$$A_0 = k_3\,q\,l \qquad k_3 = \frac{n}{2}(2 - n)$$

$$B_0 = k_4\,q\,l \qquad k_4 = \frac{n^2}{2}\,; \qquad k_3 + k_4 = n$$

$$M_{0s} = k_6\,q\,l^2 \qquad k_6 = \frac{n^2}{2}(1 - n)$$

$$M_{0\,\max} = k_7\,q\,l^2 \qquad k_7 = \frac{n^2}{8}(2 - n)^2\,; \qquad k_7 = k^0_{1A}$$

$$x_m = k_8\,l \qquad k_8 = k_3$$

$$\alpha_0 = k_9\,q\,l^3 \qquad k_9 = \frac{n^2}{24}(2 - n)^2$$

$$\beta_0 = k_{10}\,q\,l^3 \qquad k_{10} = \frac{n^2}{24}(2 - n^2)$$

Tabelle 1

n	k_1	k_2	k^0_{1A}	k^0_{1B}	k_3	k_4	k_6	k_7	k_9	k_{10}	n
0	0	0	0	0	0	0	0	0	0	0	0
0.05	0.001	0.000	0.001	0.000	0.049	0.001	0.002	0.001	0.000	0.000	0.05
0.1	.004	.000	.005	.003	.095	.005	.005	.005	.002	.001	0.1
0.15	.009	.001	.010	.006	.139	.011	.010	.010	.003	.002	0.15
0.2	.015	.002	.016	.010	.180	.020	.016	.016	.005	.003	0.2
0.25	.022	.004	.024	.015	.219	.031	.023	.024	.008	.005	0.25
0.3	.029	.007	.033	.022	.255	.045	.032	.033	.011	.007	0.3
0.35	.036	.011	.042	.029	.289	.061	.040	.042	.014	.010	0.35
0.4	.044	.015	.051	.037	.320	.080	.048	.051	.017	.012	0.4
0.45	.051	.020	.061	.046	.349	.101	.056	.061	.020	.015	0.45
0.5	.057	.026	.070	.055	.375	.125	.063	.070	.023	.018	0.5
0.55	.063	.033	.080	.064	.399	.151	.068	.080	.027	.021	0.55
0.6	.068	.040	.088	.074	.420	.180	.072	.088	.029	.025	0.6
0.65	.073	.047	.096	.083	.439	.211	.074	.096	.032	.028	0.65
0.7	.076	.054	.104	.093	.455	.245	.074	.104	.035	.031	0.7
0.75	.079	.062	.110	.101	.469	.281	.070	.110	.037	.034	0.75
0.8	.081	.068	.115	.109	.480	.320	.064	.115	.038	.036	0.8
0.85	.082	.074	.119	.115	.489	.361	.054	.119	.040	.039	0.85
0.9	.083	.079	.123	.121	.495	.405	.041	.123	.041	.040	0.9
0.95	.083	.082	.124	.124	.499	.451	.023	.124	.042	.041	0.95
1.0	0.083	0.083	0.125	0.125	0.500	0.500	0.000	0.125	0.042	0.042	1.0

Belastungsfall 2 (zu Tab. 2)

Symmetrische Strecken-Gleichlast

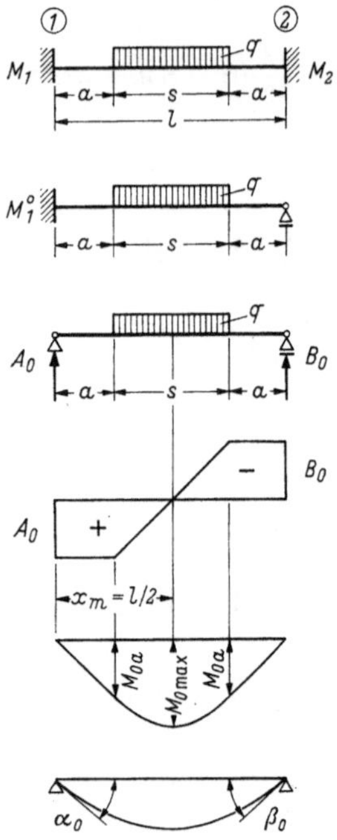

$s = n\,l \qquad 0 \leq n \leq 1$

$M_1 = -k_1 q l^2 \qquad k_1 = \frac{n}{24}(3 - n^2)$

$M_2 = M_1$

$M_1^0 = -k_1^0 q l^2 \qquad k_1^0 = \frac{n}{16}(3 - n^2)\,; \qquad k_1^0 = 1.5\,k_1$

$A_0 = k_3 q l \qquad k_3 = \frac{n}{2}$

$B_0 = A_0$

$M_{0a} = k_5 q l^2 \qquad k_5 = \frac{n}{4}(1 - n)$

$M_{0\,\max} = k_7 q l^2 \qquad k_7 = \frac{n}{8}(2 - n)$

$x_m = \frac{l}{2}$

$\alpha_0 = k_9 q l^3 \qquad k_9 = \frac{n}{48}(3 - n^2)\,; \qquad k_9 = \frac{1}{2}\,k_1$

$\beta_0 = \alpha_0$

Tabelle 2

n	k_1	k_1^0	k_3	k_5	k_7	k_9	n
0	0	0	0	0	0	0	0
0.05	0.006	0.009	0.025	0.012	0.012	0.003	0.05
0.1	.013	.019	.050	.023	.024	.006	0.1
0.15	.019	.028	.075	.032	.035	.009	0.15
0.2	.025	.037	.100	.040	.045	.012	0.2
0.25	.031	.046	.125	.047	.055	.015	0.25
0.3	.036	.055	.150	.053	.064	.018	0.3
0.35	.042	.063	.175	.057	.072	.021	0.35
0.4	.047	.071	.200	.060	.080	.024	0.4
0.45	.053	.079	.225	.062	.087	.026	0.45
0.5	.057	.086	.250	.063	.094	.029	0.5
0.55	.062	.093	.275	.062	.100	.031	0.55
0.6	.066	.099	.300	.060	.105	.033	0.6
0.65	.070	.105	.325	.057	.110	.035	0.65
0.7	.073	.110	.350	.053	.114	.037	0.7
0.75	.076	.114	.375	.047	.117	.038	0.75
0.8	.079	.118	.400	.040	.120	.039	0.8
0.85	.081	.121	.425	.032	.122	.040	0.85
0.9	.082	.123	.450	.023	.124	.041	0.9
0.95	.083	.125	.475	.012	.125	.042	0.95
1.0	0.083	0.125	0.500	0.000	0.125	0.042	1.0

Belastungsfall 3 (zu Tab. 3)

Symmetrische Doppelstrecken-Gleichlast

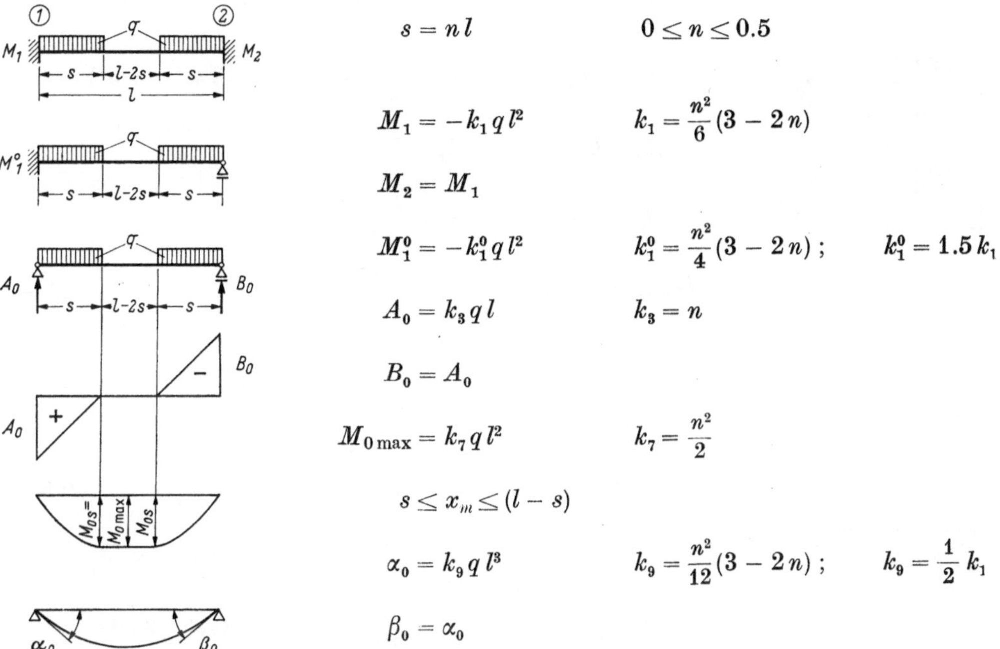

$s = n\,l \qquad 0 \leq n \leq 0.5$

$M_1 = -k_1\,q\,l^2 \qquad k_1 = \frac{n^2}{6}(3 - 2n)$

$M_2 = M_1$

$M_1^0 = -k_1^0\,q\,l^2 \qquad k_1^0 = \frac{n^2}{4}(3 - 2n)\,; \qquad k_1^0 = 1.5\,k_1$

$A_0 = k_3\,q\,l \qquad k_3 = n$

$B_0 = A_0$

$M_{0\,\mathrm{max}} = k_7\,q\,l^2 \qquad k_7 = \frac{n^2}{2}$

$s \leq x_m \leq (l - s)$

$\alpha_0 = k_9\,q\,l^3 \qquad k_9 = \frac{n^2}{12}(3 - 2n)\,; \qquad k_9 = \frac{1}{2}\,k_1$

$\beta_0 = \alpha_0$

Tabelle 3

n	k_1	k_1^0	k_3	k_7	k_9	n
0	0	0	0	0	0	0
0.05	0.001	0.002	0.050	0.001	0.001	0.05
0.1	.0.05	.007	.100	.005	.002	0.1
0.15	.010	.015	.150	.011	.005	0.15
0.2	.017	.026	.200	.020	.009	0.2
0.25	.026	.039	.250	.031	.013	0.25
0.3	.036	.054	.300	.045	.018	0.3
0.35	.047	.070	.350	.061	.024	0.35
0.4	.059	.088	.400	.080	.029	0.4
0.45	.071	.106	.450	.101	.035	0.45
0.5	0.083	0.125	0.500	0.125	0.042	0.5

Belastungsfall 4 (zu Tab. 4)

Allgemeine, durchgehende Dreieckslast

$a = m\,l \qquad 0 \leq m \leq 1$

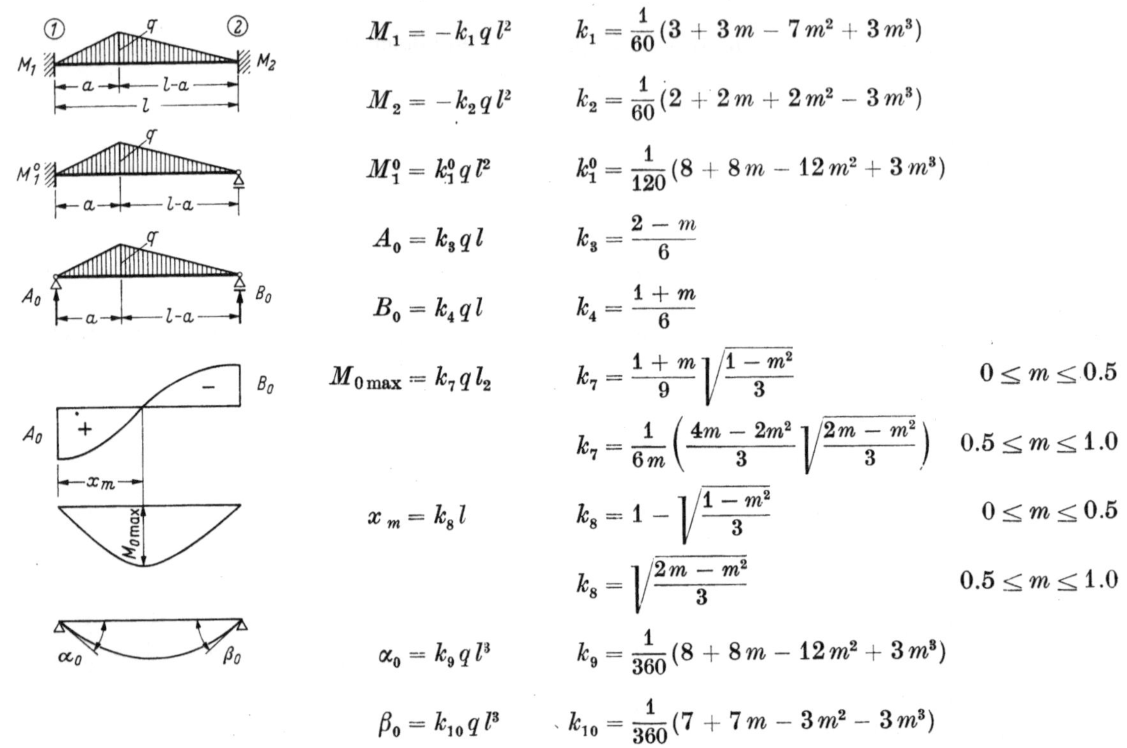

$M_1 = -k_1 q l^2 \qquad k_1 = \frac{1}{60}(3 + 3m - 7m^2 + 3m^3)$

$M_2 = -k_2 q l^2 \qquad k_2 = \frac{1}{60}(2 + 2m + 2m^2 - 3m^3)$

$M_1^0 = k_1^0 q l^2 \qquad k_1^0 = \frac{1}{120}(8 + 8m - 12m^2 + 3m^3)$

$A_0 = k_3 q l \qquad k_3 = \frac{2 - m}{6}$

$B_0 = k_4 q l \qquad k_4 = \frac{1 + m}{6}$

$M_{0\max} = k_7 q l_2 \qquad k_7 = \frac{1 + m}{9}\sqrt{\frac{1 - m^2}{3}} \qquad 0 \leq m \leq 0.5$

$k_7 = \frac{1}{6m}\left(\frac{4m - 2m^2}{3}\sqrt{\frac{2m - m^2}{3}}\right) \qquad 0.5 \leq m \leq 1.0$

$x_m = k_8 l \qquad k_8 = 1 - \sqrt{\frac{1 - m^2}{3}} \qquad 0 \leq m \leq 0.5$

$k_8 = \sqrt{\frac{2m - m^2}{3}} \qquad 0.5 \leq m \leq 1.0$

$\alpha_0 = k_9 q l^3 \qquad k_9 = \frac{1}{360}(8 + 8m - 12m^2 + 3m^3)$

$\beta_0 = k_{10} q l^3 \qquad k_{10} = \frac{1}{360}(7 + 7m - 3m^2 - 3m^3)$

Tabelle 4

m	k_1	k_2	k_1^0	k_3	k_4	k_7	k_8	k_9	k_{10}	m
0	0.050	0.033	0.067	0.333	0.167	0.064	0.423	0.022	0.019	0
0.05	.052	.035	.070	.325	.175	.067	.423	.023	.020	0.05
0.1	.055	.037	.072	.317	.183	.070	.426	.024	.021	0.1
0.15	.055	.039	.075	.308	.192	.073	.429	.025	.021	0.15
0.2	.056	.041	.076	.300	.200	.075	.434	.025	.023	0.2
0.25	.056	.043	.078	.292	.208	.078	.441	.026	.024	0.25
0.3	.056	.045	.078	.283	.217	.080	.449	.026	.024	0.3
0.35	.055	.047	.079	.275	.225	.081	.459	.026	.025	0.35
0.4	.055	.049	.079	.267	.233	.082	.471	.026	.025	0.4
0.45	.053	.051	.079	.258	.242	.083	.484	.026	.026	0.45
0.5	.052	.052	.078	.250	.250	.083	.500	.026	.026	0.5
0.55	.051	.053	.077	.242	.258	.083	.516	.026	.026	0.55
0.6	.049	.055	.076	.233	.267	.082	.529	.025	.026	0.6
0.65	047	.055	.075	.225	.275	.081	.541	.025	.026	0.65
0.7	.045	.056	.073	.217	.283	.080	.551	.024	.026	0.7
0.75	.043	.056	.071	.208	.292	.078	.559	.024	.026	0.75
0.8	.041	.056	.069	.200	.300	.075	.566	.023	.025	0.8
0.85	.039	.055	.066	.192	.308	.073	.571	.022	.025	0.85
0.9	.037	.054	.064	.183	.317	.070	.574	.021	.024	0.9
0.95	.035	.052	.061	.175	.325	.067	.577	.020	.023	0.95
1,0	0.033	0.050	0.058	0.167	0.333	0.064	0.577	0.019	0.022	1,0

Belastungsfall 5 (zu Tab. 5)

Gebundene Dreiecks-Streckenlast

$s = n\,l \qquad 0 \leq n \leq 1.0$

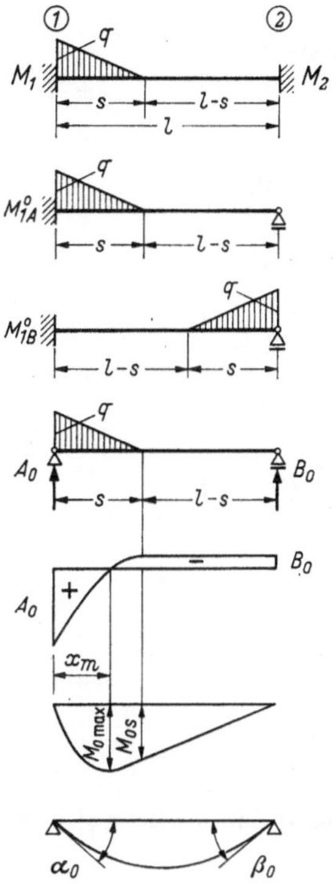

$$M_1 = -k_1\,q\,l^2 \qquad k_1 = \frac{n^2}{60}(10 - 10\,n + 3\,n^2)$$

$$M_2 = -k_2\,q\,l^2 \qquad k_2 = \frac{n^3}{60}(5 - 3\,n)$$

$$M^0_{1A} = -k^0_{1A}\,q\,l^2 \qquad k^0_{1A} = \frac{n^2}{120}(20 - 15\,n + 3\,n^2)$$

$$M^0_{1B} = -k^0_{1B}\,q\,l^2 \qquad k^0_{1B} = \frac{n^2}{120}(10 - 3\,n^2)$$

$$A_0 = k_3\,q\,l \qquad k_3 = \frac{n}{6}(3 - n)$$

$$B_0 = k_4\,q\,l \qquad k_4 = \frac{n^2}{6}$$

$$M_{0\,s} = k_5\,q\,l^2 \qquad k_5 = \frac{n^2}{6}(1 - n)$$

$$M_{0\,\max} = k_7\,q\,l^2 \qquad k_7 = \frac{n^2}{6}\left(1 - n + \frac{2\,n}{3}\sqrt{\frac{n}{3}}\right)$$

$$x_m = k_8\,l \qquad k_8 = n\left(1 - \sqrt{\frac{n}{3}}\right)$$

$$\alpha_0 = k_9\,q\,l^3 \qquad k_9 = \frac{n^2}{360}(20 - 15\,n + 3\,n^2)$$

$$\beta_0 = k_{10}\,q\,l^3 \qquad k_{10} = \frac{n^2}{360}(10 - 3\,n^2)$$

Tabelle 5

n	k_1	k_2	k^0_{1A}	k^0_{1B}	k_3	k_4	k_5	k_7	k_8	k_9	k_{10}	n
0	0	0	0	0	0	0	0	0	0	0	0	0
0.05	0.000	0.000	0.000	0.000	0.025	0.001	0.000	0.000	0.044	0.000	0.000	0.005
0.1	.002	.000	.002	.001	.048	.002	.002	.002	.082	.001	.000	0.1
0.15	.003	.000	.003	.002	.071	.004	.003	.003	.116	.001	.001	0.15
0.2	.005	.001	.006	.003	.093	.007	.005	.006	.148	.002	.001	.02
0.25	.008	.001	.009	.005	.115	.010	.008	.008	.178	.003	0.02	.025
0.3	.011	.002	.012	.007	.135	.015	.011	.011	.205	.004	.002	0.3
0.35	.014	.003	.015	.010	.155	.020	.013	.015	.230	.005	.003	0.35
0.4	.017	.004	.019	.013	.173	.027	.016	.019	.254	.006	.004	0.4
0.45	.021	.006	.023	.016	.191	.034	.019	.023	.276	.008	.005	0.45
0.5	.024	.007	.028	.019	.208	.042	.021	.027	.296	.009	.006	0.5
0.55	.027	.009	.032	.023	.225	.050	.023	.031	.315	.011	.008	0.55
0.6	.030	.012	.036	.027	.240	.060	.024	.035	.332	.012	.009	0.6
0.65	.034	.014	.041	.031	.255	.070	.025	.039	.347	.014	.010	0.65
0.7	.037	.017	.045	.035	.268	.082	.025	.043	.362	.015	.012	0.7
0.75	.039	.019	.049	.039	.281	.094	.023	.047	.375	.016	.013	0.75
0.8	.042	.022	.053	.043	.293	.107	.021	.051	.387	.018	.014	0.8
0.85	.044	.025	.057	.047	.305	.120	.018	.054	.398	.019	.016	0.85
0.9	.046	.028	.060	.051	.315	.135	.014	.058	.407	.020	.017	0.9
0.95	.048	.031	.064	.055	.325	.150	.008	.061	.415	.021	.018	0.95
1.0	0.050	0.033	0.067	0.058	0.333	0.167	0.000	0.064	0.423	0.022	0.019	1.0

Belastungsfall 6 (zu Tab. 6)

Gebundene symmetrische Doppel-Dreieckslast

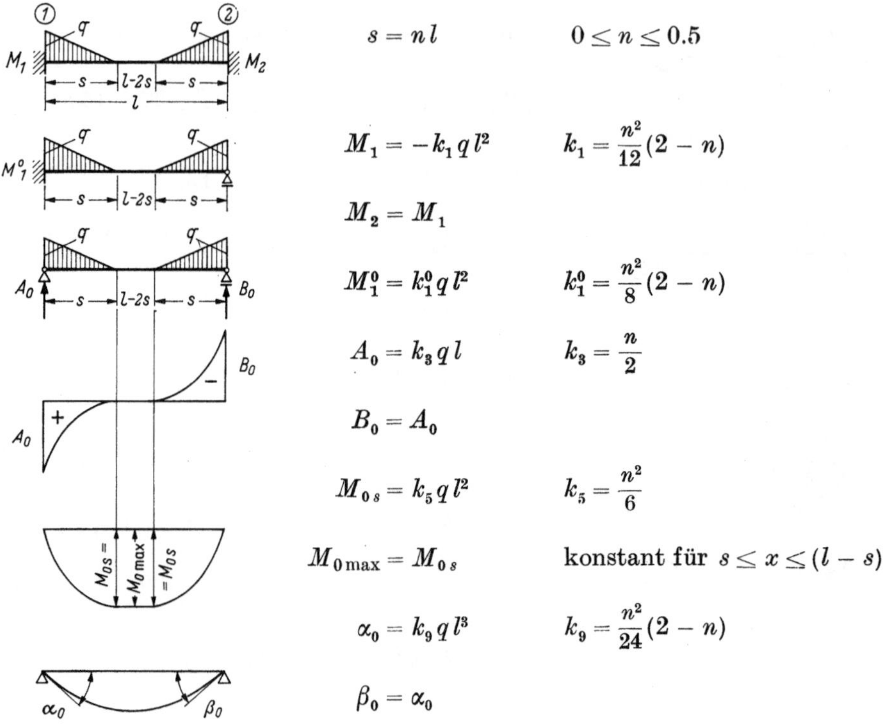

$s = n\,l \qquad 0 \leq n \leq 0.5$

$M_1 = -k_1\,q\,l^2 \qquad k_1 = \frac{n^2}{12}(2-n)$

$M_2 = M_1$

$M_1^0 = k_1^0\,q\,l^2 \qquad k_1^0 = \frac{n^2}{8}(2-n)$

$A_0 = k_3\,q\,l \qquad k_3 = \frac{n}{2}$

$B_0 = A_0$

$M_{0s} = k_5\,q\,l^2 \qquad k_5 = \frac{n^2}{6}$

$M_{0\max} = M_{0s}$ konstant für $s \leq x \leq (l-s)$

$\alpha_0 = k_9\,q\,l^3 \qquad k_9 = \frac{n^2}{24}(2-n)$

$\beta_0 = \alpha_0$

Tabelle 6

n	k_1	k_1^0	k_3	k_5	k_9	n
0	0	0	0	0	0	0
0.05	0.000	0.001	0.025	0.000	0.000	0.05
0.1	.002	.002	.050	.002	.001	0.1
0.15	.003	.005	.075	.004	.002	0.15
0.2	.006	.009	.100	.007	.003	0.2
0.25	.009	.014	.125	.010	.005	0.25
0.3	.013	.019	.150	.015	.006	0.3
0.35	.017	.025	.175	.020	.008	0.35
0.4	.021	.032	.200	.027	.011	0.4
0.45	.026	.039	.225	.034	.013	0.45
0.5	0.031	0.047	0.250	0.042	0.016	0.5

Belastungsfall 7 (zu Tab. 7)

Symmetrische Doppel-Dreieckslast

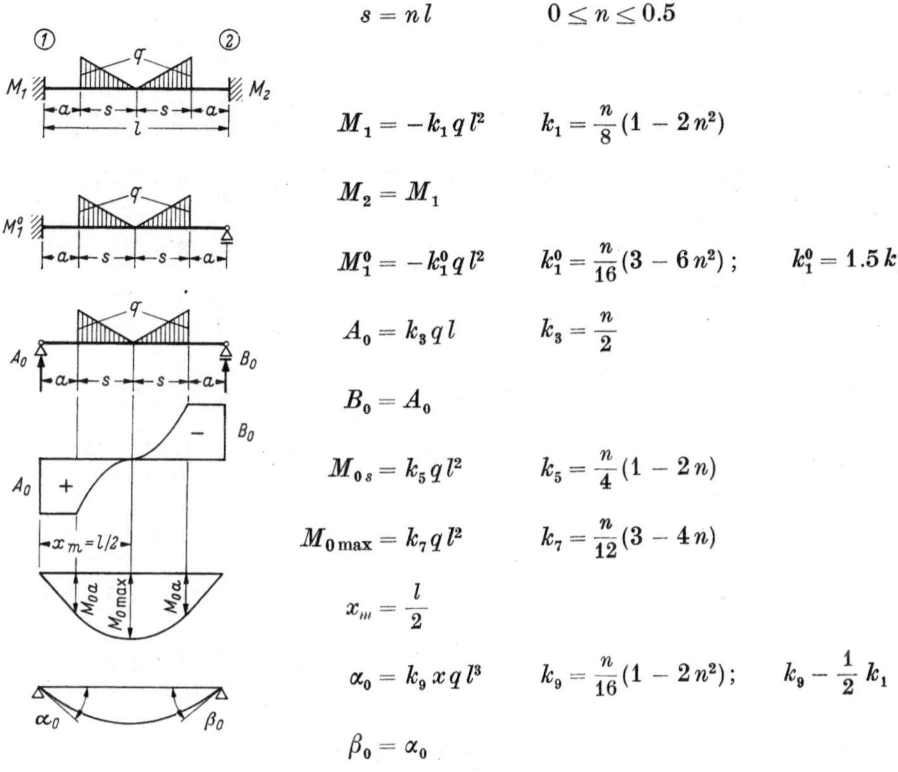

$s = n\,l \qquad 0 \leq n \leq 0.5$

$M_1 = -k_1\,q\,l^2 \qquad k_1 = \frac{n}{8}(1 - 2\,n^2)$

$M_2 = M_1$

$M_1^0 = -k_1^0\,q\,l^2 \qquad k_1^0 = \frac{n}{16}(3 - 6\,n^2)\,; \qquad k_1^0 = 1.5\,k_1$

$A_0 = k_3\,q\,l \qquad k_3 = \frac{n}{2}$

$B_0 = A_0$

$M_{0s} = k_5\,q\,l^2 \qquad k_5 = \frac{n}{4}(1 - 2\,n)$

$M_{0\,\mathrm{max}} = k_7\,q\,l^2 \qquad k_7 = \frac{n}{12}(3 - 4\,n)$

$x_m = \frac{l}{2}$

$\alpha_0 = k_9\,x\,q\,l^3 \qquad k_9 = \frac{n}{16}(1 - 2\,n^2)\,; \qquad k_9 = \frac{1}{2}\,k_1$

$\beta_0 = \alpha_0$

Tabelle 7

n	k_1	k_1^0	k_3	k_5	k_7	k_9	n
0	0	0	0	0	0	0	0
0.05	0.006	0.009	0.025	0.011	0.012	0.003	0.05
0.1	.012	.018	.050	.020	.022	.006	0.1
0.15	.018	.027	.075	.026	.030	.009	0.15
0.2	.023	.035	.100	.030	.037	.012	0.2
0.25	.027	.041	.125	.031	.042	.014	0.25
0.3	.031	.046	.150	.030	.045	.015	0.3
0.35	.033	.050	.175	.026	.047	.017	0.35
0.4	.034	.051	.200	.020	.047	.017	0.4
0.45	.033	.050	.225	.011	.045	.017	0.45
0.5	0.031	0.047	0.250	0.00	0.042	0.016	0.5

Belastungsfall 8 (zu Tab. 8)

Gebundene Dreiecks-Streckenlast

$s = n\,l \qquad 0 \leq n \leq 1$

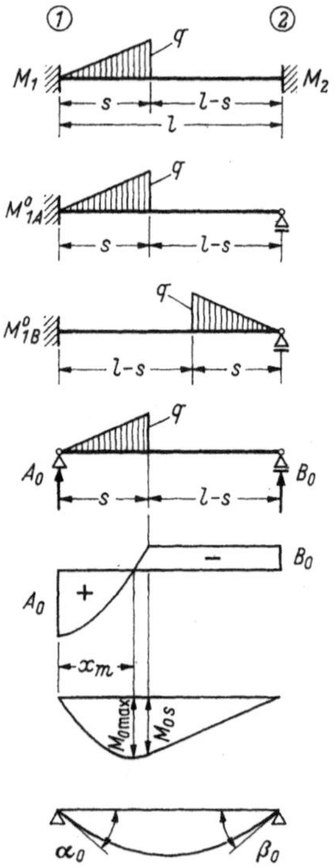

$$M_1 = -k_1\,q\,l^2 \qquad k_1 = \frac{n^2}{30}\,(10 - 15\,n + 6\,n^2)$$

$$M_2 = -k_2\,q\,l^2 \qquad k_2 = \frac{n^2}{20}\,(5 - 4\,n)$$

$$M^0_{1A} = -k^0_{1A}\,q\,l^2 \qquad k^0_{1A} = \frac{n^2}{120}\,(40 - 45\,n + 12\,n^2)$$

$$M^0_{1B} = -k^0_{1B}\,q\,l^2 \qquad k^0_{1B} = \frac{n^2}{30}\,(5 - 3\,n^2)$$

$$A_0 = k_3\,q\,l \qquad k_3 = \frac{n}{6}\,(3 - 2\,n)$$

$$B_0 = k_4\,q\,l \qquad k_4 = \frac{n^2}{3}$$

$$M_{0\,s} = k_5\,q\,l^2 \qquad k_5 = \frac{n^2}{3}\,(1 - n)$$

$$M_{0\,\max} = k_7\,q\,l^2 \qquad k_7 = \frac{n^2}{3}\sqrt{\left(\frac{3 - 2\,n}{3}\right)^3}$$

$$x_m = k_8\,l \qquad k_8 = n\sqrt{\frac{3 - 2\,n}{3}}$$

$$\alpha_0 = k_9\,q\,l^3 \qquad k_9 = \frac{n^2}{360}\,(40 - 45\,n + 12\,n^2)$$

$$\beta_0 = k_{10}\,q\,l^3 \qquad k_{10} = \frac{n^2}{90}\,(5 - 3\,n^2)$$

Tabelle 8

n	k_1	k_2	k^0_{1A}	k^0_{1B}	k_3	k_4	k_5	k_7	k_8	k_9	k_{10}	n
0	0	0	0	0	0	0	0	0	0	0	0	0
0.05	0.001	0.000	0.001	0.000	0.024	0.001	0.001	0.001	0.049	0.000	0.000	0.05
0.1	.003	.000	.003	.002	.047	.003	.003	.003	.097	.001	.001	0.1
0.15	.006	.001	.006	.004	.068	.008	.006	.006	.142	.002	.001	0.15
0.2	.010	.002	.011	.007	.087	.013	.011	.011	.186	.004	.002	0.2
0.25	.014	.003	.015	.010	.104	.021	.016	.016	.228	.005	.003	0.25
0.3	.018	.005	.021	.014	.120	.030	.021	.022	.268	.007	.005	0.3
0.35	.022	.008	.026	.019	.134	.041	.027	.027	.306	.009	.006	0.35
0.4	.026	.011	.032	.024	.147	.053	.032	.034	.343	.011	.008	0.4
0.45	.030	.015	.037	.030	.158	.068	.037	.040	.377	.012	.010	0.45
0.5	.033	.019	.043	.035	.167	.083	.042	.045	.409	.014	.012	0.5
0.55	.036	.023	.048	.041	.174	.101	.045	.051	.438	.016	.014	0.55
0.6	.038	.028	.052	.047	.180	.120	.048	.056	.465	.017	.016	0.6
0.65	.039	.033	.056	.053	.184	.141	.049	.060	.489	.019	.018	0.65
0.7	.040	.038	.059	.058	.187	.163	.049	.064	.511	.020	.019	0.7
0.75	.040	.042	.061	.062	.188	.188	.047	.066	.530	.020	.021	0.75
0.8	.039	.046	.062	.066	.187	.213	.043	.068	.547	.021	.022	0.8
0.85	.038	.049	.063	.068	.184	.241	.036	.069	.555	.021	.023	0.85
0.9	.037	.051	.062	.069	.180	.270	.027	.068	.569	.021	.023	0.9
0.95	.035	.051	.061	.069	.174	.301	.015	.067	.575	.020	.023	0.95
1.0	0.033	0.050	0.058	0.067	0.167	0.333	0.000	0.064	0.577	0.019	0.022	1.0

Belastungsfall 9 (zu Tab. 9)

Gebundene symmetrische Doppel-Dreieckslast

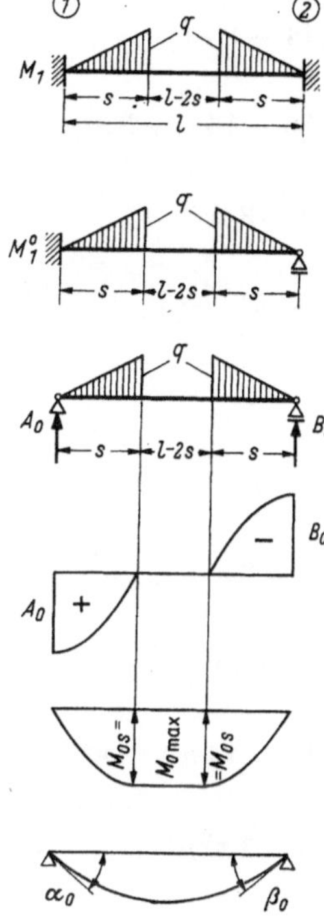

$s = n\,l \qquad 0 \leq n \leq 0.5$

$M_1 = -k_1\,q\,l^2 \qquad k_1 = \frac{n^2}{12}(4 - 3\,n)$

$M_2 = M_1$

$M_1^0 = -k_1^0\,q\,l^2 \qquad k_1^0 = \frac{n^2}{8}(4 - 3\,n)\,; \qquad k_1^0 = 1.5\,k_1$

$A_0 = k_3\,q\,l \qquad k_3 = \frac{n}{2}$

$B_0 = A_0$

$M_{0s} = k_5\,q\,l^2 \qquad k_5 = \frac{n^2}{3}$

$M_{0\,\max} = M_{0s}$ konstant für $s \leq x \leq (l - s)$

$\alpha_0 = k_9\,q\,l^3 \qquad k_9 = \frac{n^2}{24}(4 - 3\,n)$

$\beta_0 = \alpha_0$

Tabelle 9

n	k_1	k_1^0	k_3	k_5	k_9	n
0	0	0	0	0	0	0
0.05	0.001	0.001	0.025	0.001	0.000	0.005
0.1	.003	.005	.050	.003	.002	0.1
0.15	.007	.010	.075	.005	.003	0.15
0.2	.011	.017	.100	.013	.006	0.2
0.25	.017	.025	.125	.021	.008	0.25
0.3	.023	.035	.150	.030	.012	0.3
0.35	.030	.045	.175	.041	.015	0.35
0.4	.037	.056	.200	.053	.019	0.4
0.45	.045	.067	.225	.068	.022	0.45
0.5	0.052	0.078	0.250	0.083	0.026	0.5

Belastungsfall 10 (zu Tab. 10)

Gebundene Dreiecks-Streckenlast

$s = n\,l \qquad 0 \leq n \leq 1$

$$M_1 = -k_1\,q\,l^2 \qquad k_1 = \frac{n^2}{96}(24 - 28\,n + 9\,n^2)$$

$$M_2 = -k_2\,q\,l^2 \qquad k_2 = \frac{n^3}{96}(14 - 9\,n)$$

$$M^0_{1A} = -k^0_{1A}\,q\,l^2 \qquad k^0_{1A} = \frac{n^2}{64}(16 - 14\,n + 3\,n^2)$$

$$M^0_{1B} = -k^0_{1B}\,q\,l^2 \qquad k^0_{1B} = \frac{n^2}{64}(8 - 3\,n^2)$$

$$A_0 = k_3\,q\,l \qquad k_3 = \frac{n}{4}(2 - n)$$

$$B_0 = k_4\,q\,l \qquad k_4 = \frac{n^2}{4}$$

$$M_{0s} = k_5\,q\,l^2 \qquad k_5 = \frac{n^2}{4}(1 - n)$$

$$M_{0\,\max} = k_7\,q\,l^2 \qquad k_7 = \frac{n^2}{12}\left(3 - 3\,n + n\sqrt{n}\right)$$

$$x_m = k_8\,l \qquad k_8 = \frac{n}{2}\left(2 - \sqrt{n}\right)$$

$$\alpha_0 = k_9\,q\,l^3 \qquad k_9 = \frac{n^2}{192}(16 - 14\,n + 3\,n^2)$$

$$\beta_0 = k_{10}\,q\,l^3 \qquad k_{10} = \frac{n^2}{192}(8 - 3\,n^2)$$

Tabelle 10

n	k_1	k_2	k^0_{1A}	k^0_{1B}	k_3	k_4	k_5	k_7	k_8	k_9	k_{10}	n
0	0	0	0	0	0	0	0	0	0	0	0	0
0.05	0.001	0.000	0.001	0.000	0.024	0.001	0.001	0.001	0.044	0.000	0.000	0.05
0.1	.002	.000	.002	.001	.048	.003	.002	.002	.084	.001	.000	0.1
0.15	.005	.000	.005	.003	.069	.006	.005	.005	.121	.002	.001	0.15
0.2	.008	.001	.008	.005	.090	.010	.008	.008	.155	.003	.002	0.2
0.25	.011	.002	.012	.008	.109	.016	.012	.012	.188	.004	.003	0.25
0.3	.015	.003	.017	.011	.128	.023	.016	.017	.218	.006	.004	0.3
0.35	.020	.005	.022	.015	.144	.031	.020	.022	.246	.007	.005	0.35
0.4	.024	.007	.027	.019	.160	.040	.024	.027	.274	.009	.006	0.4
0.45	.028	.010	.033	.023	.174	.051	.028	.033	.299	.011	.008	0.45
0.5	.032	.012	.038	.028	.188	.063	.031	.039	.323	.013	.009	0.5
0.55	.036	.016	.044	.034	.199	.076	.034	.044	.346	.015	.011	0.55
0.6	.039	.019	.049	.039	.210	.090	.036	.050	.368	.016	.013	0.6
0.65	.042	.023	.054	.044	.219	.106	.037	.055	.388	.018	.015	0.65
0.7	.045	.028	.059	.050	.228	.123	.037	.061	.407	.020	.017	0.7
0.75	.047	.032	.063	.055	.234	.141	.035	.066	.425	.021	.019	0.75
0.8	.049	.036	.067	.061	.240	.160	.032	.070	.442	.022	.020	0.8
0.85	.050	.041	.071	.066	.244	.181	.027	.074	.458	.024	.022	0.85
0.9	.051	.045	.074	.071	.248	.203	.020	.078	.473	.025	.024	0.9
0.95	.052	.049	.076	.075	.249	.226	.011	.081	.487	.025	.025	0.95
1.0	0.052	0.052	0.078	0.078	0.250	0.250	0.000	0.083	0.500	0.026	0.026	1.0

Belastungsfall 11 (zu Tab. 11)

Symmetrische Dreieckslast

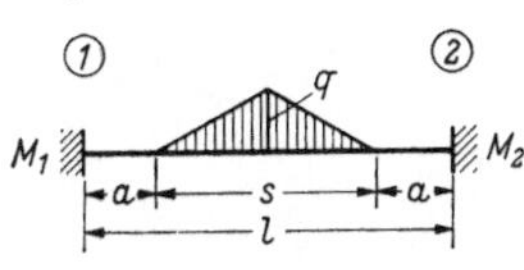

$s = n\,l \qquad 0 \leq n \leq 1$

$M_1 = -k_1\, q\, l^2 \qquad k_1 = \frac{n}{96}(6 - n^2)$

$M_2 = M_1$

$M_1^0 = -k_1^0\, q\, l^2 \qquad k_1^0 = \frac{n}{64}(6 - n^2); \qquad k_1^0 = 1.5\, k_1$

$A_0 = k_3\, q\, l \qquad k_3 = \frac{n}{4}$

$B_0 = A_0$

$M_{0s} = k_5\, q\, l^2 \qquad k_5 = \frac{n}{8}(1 - n)$

$M_{0\,max} = k_7\, q\, l^2 \qquad k_7 = \frac{n}{24}(3 - n)$

$x_m = \frac{l}{2}$

$\alpha_0 = k_9\, q\, l^3 \qquad k_9 = \frac{n}{192}(6 - n^2); \qquad k_9 = \frac{1}{2}\, k_1$

$\beta_0 = \alpha_0$

Tabelle 11

n	k_1	k_1^0	k_3	k_5	k_7	k_9	n
0	0	0	0	0	0	0	0
0.05	0.003	0.005	0.013	0.006	0.006	0.002	0.05
0.1	.006	.009	.025	.011	.012	.003	0.1
0.15	.009	.014	.038	.016	.018	.005	0.15
0.2	.012	.019	.050	.020	.023	.006	0.2
0.25	.015	.023	.063	.023	.029	.008	0.25
0.3	.019	.028	.075	.026	.034	.009	0.3
0.35	.021	.032	.088	.028	.039	.011	0.35
0.4	.024	.037	.100	.030	.043	.012	0.4
0.45	.027	.041	.113	.031	.048	.014	0.45
0.5	.030	.045	.125	.031	.052	.015	0.5
0.55	.033	.049	.138	.031	.056	.016	0.55
0.6	.035	.053	.150	.030	.060	.018	0.6
0.65	.038	.057	.163	.028	.064	.019	0.65
0.7	.040	.060	.175	.026	.067	.020	0.7
0.75	.042	.064	.188	.023	.070	.021	0.75
0.8	.045	.067	.200	.020	.073	.022	0.8
0.85	.047	.070	.213	.016	.076	.023	0.85
0.9	.049	.073	.225	.011	.079	.024	0.9
0.95	.050	.076	.238	.006	.081	.025	0.95
1.0	0.052	0.078	0.250	0.000	0.083	0.026	1.0

Belastungsfall 12 (zu Tab. 12)

Durchgehende Trapezlast

$$q' = \lambda q$$

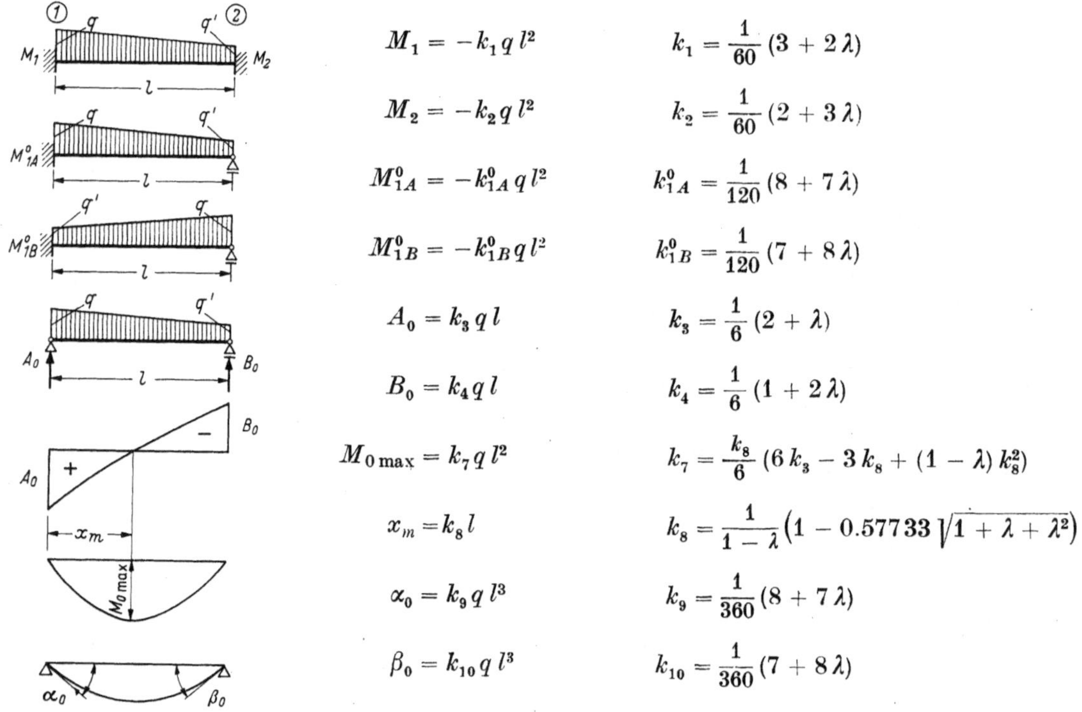

$$M_1 = -k_1 q l^2 \qquad k_1 = \frac{1}{60}(3 + 2\lambda)$$

$$M_2 = -k_2 q l^2 \qquad k_2 = \frac{1}{60}(2 + 3\lambda)$$

$$M_{1A}^0 = -k_{1A}^0 q l^2 \qquad k_{1A}^0 = \frac{1}{120}(8 + 7\lambda)$$

$$M_{1B}^0 = -k_{1B}^0 q l^2 \qquad k_{1B}^0 = \frac{1}{120}(7 + 8\lambda)$$

$$A_0 = k_3 q l \qquad k_3 = \frac{1}{6}(2 + \lambda)$$

$$B_0 = k_4 q l \qquad k_4 = \frac{1}{6}(1 + 2\lambda)$$

$$M_{0\,max} = k_7 q l^2 \qquad k_7 = \frac{k_8}{6}(6 k_3 - 3 k_8 + (1 - \lambda) k_8^2)$$

$$x_m = k_8 l \qquad k_8 = \frac{1}{1-\lambda}\left(1 - 0.57733\sqrt{1 + \lambda + \lambda^2}\right)$$

$$\alpha_0 = k_9 q l^3 \qquad k_9 = \frac{1}{360}(8 + 7\lambda)$$

$$\beta_0 = k_{10} q l^3 \qquad k_{10} = \frac{1}{360}(7 + 8\lambda)$$

Tabelle 12

λ	k_1	k_2	k_{1A}^0	k_{1B}^0	k_3	k_4	k_7	k_8	k_9	k_{10}	
0	0.050	0.033	0.067	0.058	0.333	0.167	0.064	0.423	0.022	0.019	0
0.05	.052	0.36	.070	.062	.342	.183	.067	.429	.023	.021	0.05
0.1	.053	.038	.073	.065	.350	.200	.070	.435	.024	.022	0.1
0.15	.055	.041	.075	.068	.358	.217	.073	.441	.025	.023	0.15
0.2	.057	.043	.078	.072	.367	.233	.076	.446	.026	.024	0.2
0.25	.058	.046	.081	.075	.375	.250	.079	.451	.027	.025	0.25
0.3	.060	.048	.084	.078	.383	.267	.082	.456	.028	.026	0.3
0.35	.062	.051	.087	.082	.392	.283	.085	.461	.029	.027	0.35
0.4	.063	.053	.090	.085	.400	.300	.088	.465	.030	.028	0.4
0.45	.065	.056	.093	.088	.408	.317	.091	.469	.031	.029	0.45
0.5	.067	.058	.096	.092	.417	.333	.094	.473	.032	.031	0.5
0.55	.068	.061	.099	.095	.425	.350	.097	.476	.033	.032	0.55
0.6	.070	.063	.102	.098	.433	.367	.100	.479	.034	.033	0.6
0.65	.072	.066	.105	.102	.442	.383	.103	.483	.035	.034	0.65
0.7	.073	.068	.108	.105	.450	.400	.106	.485	.036	.035	0.7
0.75	.075	.071	.110	.108	.458	.417	.109	.488	.037	.036	0.75
0.8	.077	.073	.113	.112	.467	.433	.113	.491	.038	.037	0.8
0.85	.078	.076	.116	.115	.475	.450	.116	.493	.039	.038	0.85
0.9	.080	.078	.119	.118	.483	.467	.119	.496	.040	.039	0.9
0.95	.082	.081	.122	.122	.492	.483	.122	.499	.041	.041	0.95
1.0	0.083	0.083	0.125	0.125	0.500	0.500	0.125	0.500	0.042	0.042	1.0

Belastungsfall 13 (zu Tab. 13)

Gebundene symmetrische Trapezlast

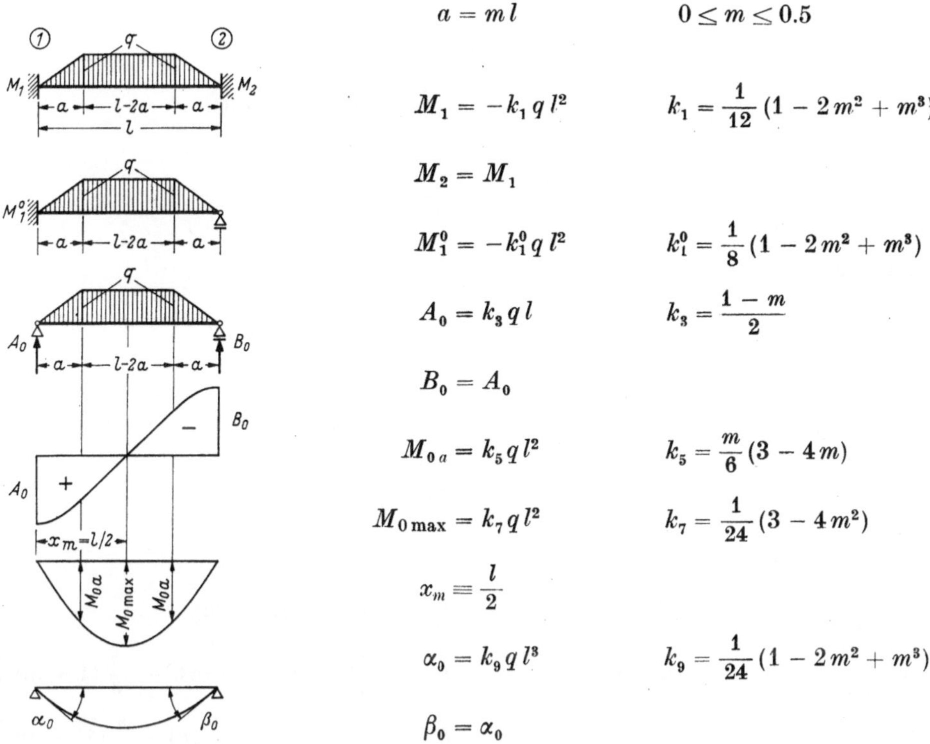

$a = m\,l \qquad 0 \leq m \leq 0.5$

$M_1 = -k_1\,q\,l^2 \qquad k_1 = \frac{1}{12}(1 - 2m^2 + m^3)$

$M_2 = M_1$

$M_1^0 = -k_1^0\,q\,l^2 \qquad k_1^0 = \frac{1}{8}(1 - 2m^2 + m^3)$

$A_0 = k_3\,q\,l \qquad k_3 = \frac{1-m}{2}$

$B_0 = A_0$

$M_{0a} = k_5\,q\,l^2 \qquad k_5 = \frac{m}{6}(3 - 4m)$

$M_{0\,\max} = k_7\,q\,l^2 \qquad k_7 = \frac{1}{24}(3 - 4m^2)$

$x_m = \frac{l}{2}$

$\alpha_0 = k_9\,q\,l^3 \qquad k_9 = \frac{1}{24}(1 - 2m^2 + m^3)$

$\beta_0 = \alpha_0$

Tabelle 13

m	k_1	k_1^0	k_3	k_5	k_7	k_9	m
0	0.083	0.125	0.500	0.000	0.125	0.042	0
0.05	.083	.124	.475	.023	.125	.041	0.05
0.1	.082	.123	.450	.043	.123	.041	0.1
0.15	.080	.120	.425	.060	.121	.040	0.15
0.2	.077	.116	.400	.073	.118	.039	0.2
0.25	.074	.111	.375	.083	.115	.037	0.25
0.3	.071	.106	.350	.090	.110	.035	0.3
0.35	.067	.100	.325	.093	.105	.033	0.35
0.4	.062	.093	.300	.093	.098	.031	0.4
0.45	.057	.086	.275	.090	.091	.029	0.45
0.5	0.052	0.078	0.250	0.083	0.083	0.026	0.5

Belastungsfall 14 (zu Tab. 14 A–C)

Symmetrische Trapezstreckenlast in Feldmitte

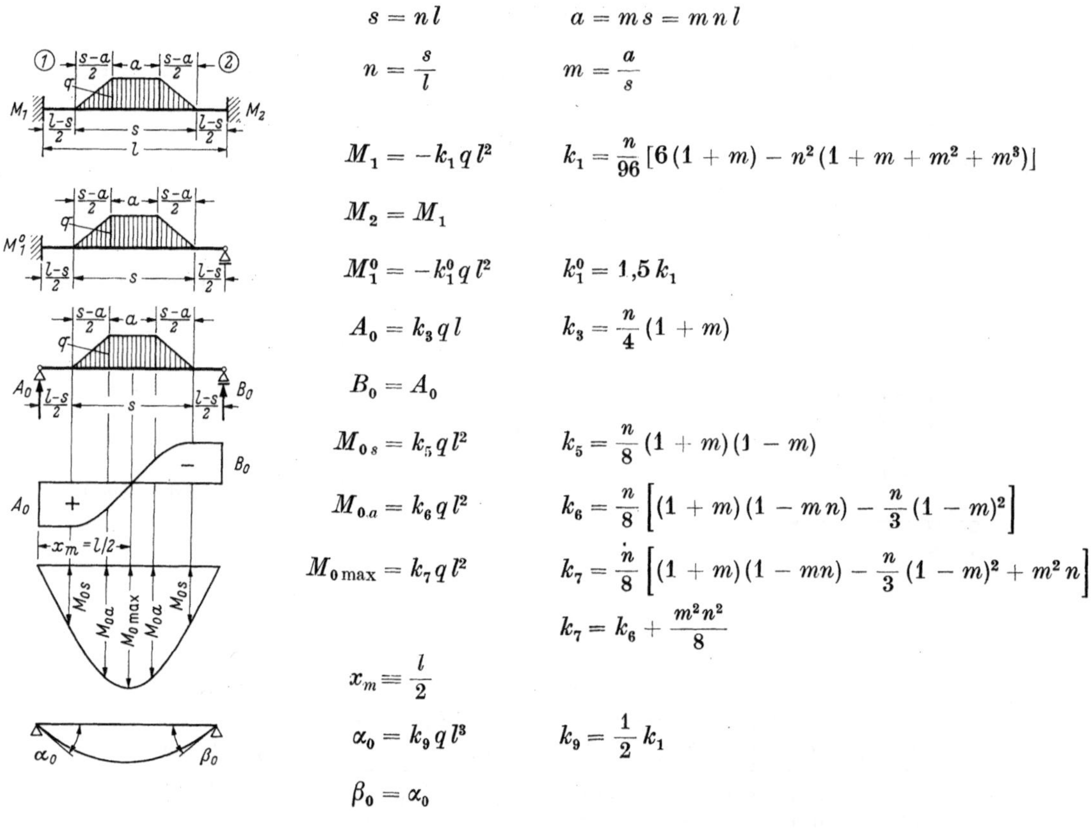

$s = n\,l \qquad a = m\,s = m\,n\,l$

$n = \frac{s}{l} \qquad m = \frac{a}{s}$

$M_1 = -k_1\,q\,l^2 \qquad k_1 = \frac{n}{96}\left[6\,(1+m) - n^2\,(1+m+m^2+m^3)\right]$

$M_2 = M_1$

$M_1^0 = -k_1^0\,q\,l^2 \qquad k_1^0 = 1{,}5\,k_1$

$A_0 = k_3\,q\,l \qquad k_3 = \frac{n}{4}\,(1+m)$

$B_0 = A_0$

$M_{0s} = k_5\,q\,l^2 \qquad k_5 = \frac{n}{8}\,(1+m)\,(1-m)$

$M_{0a} = k_6\,q\,l^2 \qquad k_6 = \frac{n}{8}\left[(1+m)\,(1-m\,n) - \frac{n}{3}\,(1-m)^2\right]$

$M_{0\,\max} = k_7\,q\,l^2 \qquad k_7 = \frac{n}{8}\left[(1+m)\,(1-mn) - \frac{n}{3}\,(1-m)^2 + m^2\,n\right]$

$k_7 = k_6 + \frac{m^2 n^2}{8}$

$x_m = \frac{l}{2}$

$\alpha_0 = k_9\,q\,l^3 \qquad k_9 = \frac{1}{2}\,k_1$

$\beta_0 = \alpha_0$

Tabelle 14 A

n		m = 0	0.1	0.2	0.3	0.4	0.5	0.6	0.7	0.8	0.9	1.0		n
0	k_1	0	0	0	0	0	0	0	0	0	0	0	k_1	0
	k_1^0	0	0	0	0	0	0	0	0	0	0	0	k_1^0	
0.05	k_1	0.003	0.003	0.004	0.004	0.004	0.005	0.005	0.005	0.006	0.006	0.006	k_1	0.05
	k_1^0	.005	.005	.006	.006	.007	.007	.007	.008	.008	.009	.009	k_1^0	
0.1	k_1	.006	.007	.007	.008	.009	.009	.010	.011	.011	.012	.012	k_1	0.1
	k_1^0	.009	.010	.011	.012	.013	.014	.015	.016	.017	.018	.019	k_1^0	
0.15	k_1	.009	.010	.011	.012	.013	.014	.015	.016	.017	.018	.019	k_1	0.15
	k_1^0	.014	.015	.017	.018	.020	.021	.022	.024	.025	.027	.028	k_1^0	
0.2	k_1	.012	.014	.015	.016	.017	.019	.020	.021	.022	.023	.025	k_1	0.2
	k_1^0	.019	.020	.022	.024	.026	.028	.030	.032	.033	.035	.037	k_1^0	
0.25	k_1	.015	.017	.019	.020	.022	.023	.025	.026	.028	.029	.031	k_1	0.25
	k_1^0	.023	.026	.028	.030	.032	.035	.037	.039	.041	.044	.046	k_1^0	
0.3	k_1	.019	.020	.022	.024	.026	.028	.029	.031	.033	.035	.036	k_1	0.3
	k_1^0	.028	.030	.033	.036	.039	.041	.044	.047	.049	.052	.055	k_1^0	
0.35	k_1	.021	.024	.026	.028	.030	.032	.034	.036	.038	.040	.042	k_1	0.35
	k_1^0	.032	.035	.039	.042	.045	.048	.051	.054	.057	.060	.063	k_1^0	
0.4	k_1	.024	.027	.029	.032	.034	.036	.039	.041	.043	.045	.047	k_1	0.4
	k_1^0	.037	.040	.044	.047	.051	.054	.058	.061	.065	.068	.071	k_1^0	
0.45	k_1	.027	.030	.033	.035	.038	.040	.043	.045	.048	.050	.052	k_1	0.45
	k_1^0	.041	.045	.049	.053	.057	.061	.064	.068	.072	.075	.079	k_1^0	
0.5	k_1	.030	.033	.036	.039	.042	.044	.047	.050	.052	.055	.057	k_1	0.5
	k_1^0	.045	.049	.054	.058	.062	.067	.071	.075	.079	.082	.086	k_1^0	
0.55	k_1	.033	.036	.039	.042	.045	.048	.051	.054	.057	.059	.062	k_1	0.55
	k_1^0	.049	.054	.059	.063	.048	.072	.077	.081	.085	.089	.093	k_1^0	
0.6	k_1	.035	.039	.042	.046	.049	.052	.055	.058	.061	.064	.066	k_1	0.6
	k_1^0	.053	.058	.063	.068	.073	.078	.083	.087	.091	.095	.099	k_1^0	
0.65	k_1	.038	.042	.045	.049	.052	.056	.059	.062	.065	.067	.070	k_1	0.65
	k_1^0	.057	.062	.068	.073	.078	.083	.088	.093	.097	.101	.105	k_1^0	
0.7	k_1	.040	.044	.048	.052	.055	.059	.062	.065	.068	.071	.073	k_1	0.7
	k_1^0	.060	.066	.072	.078	.083	.088	.093	.098	.102	.106	.110	k_1^0	
0.75	k_1	.042	.047	.051	.055	.058	.062	.065	.069	.071	.074	.076	k_1	0.75
	k_1^0	.064	.070	.076	.082	.088	.093	.098	.103	.107	.111	.114	k_1^0	
0.8	k_1	.045	.049	.053	.057	.061	.065	.068	.071	.074	.077	.079	k_1	0.8
	k_1^0	.067	.074	.080	.086	.092	.098	.103	.107	.111	.115	.118	k_1^0	
0.85	k_1	.047	.051	.056	.060	.064	.068	.071	.074	.077	.079	.081	k_1	0.85
	k_1^0	.071	.077	.084	.090	.096	.102	.107	.111	.115	.118	.121	k_1^0	
0.9	k_1	.049	.053	.058	.062	.066	.070	.073	.076	.079	.081	.082	k_1	0.9
	k_1^0	.073	.080	.087	.094	.100	.105	.110	.115	.118	.121	.123	k_1^0	
0.95	k_1	.050	.055	.060	.065	.069	.072	.076	.078	.081	.082	.083	k_1	0.95
	k_1^0	.076	.083	.091	.097	.103	.108	.113	.117	.121	.123	.125	k_1^0	
1.0	k_1	.052	.057	.062	.066	.071	.074	.077	.080	.082	.083	.083	k_1	1.0
	k_1^0	0.078	0.086	0.093	0.100	0.106	0.111	0.116	0.120	0.123	0.124	0.125	k_1^0	

Tabelle 14B

n		m = 0	0.1	0.2	0.3	0.4	0.5	0.6	0.7	0.8	0.9	1.0		n
0	k_3 k_9	0	0	0	0	0	0	0	0	0	0	0	k_3 k_9	0
0.05	k_3	0.013	0.014	0.015	0.016	0.018	0.019	0.020	0.021	0.023	0.024	0.025	k_3	0.05
	k_9	.002	.002	.002	.002	.002	.002	.003	.003	.003	.003	.003	k_9	
0.1	k_3	.025	.028	.030	.033	.035	.038	.040	.043	.045	.048	.050	k_3	0.1
	k_9	.003	.003	.004	.004	.004	.005	.005	.005	.006	.006	.006	k_9	
0.15	k_3	.038	.041	.045	.049	.053	.056	.060	.064	.068	.071	.075	k_3	0.15
	k_9	.005	.005	.006	.006	.007	.007	.007	.008	.008	.009	.009	k_9	
0.2	k_3	.050	.055	.060	.065	.070	.075	.080	.085	.090	.095	.100	k_3	0.2
	k_9	.006	.007	.007	.008	.009	.009	.010	.011	.011	.012	.012	k_9	
0.25	k_3	.063	.069	.075	.081	.088	.094	.100	.106	.113	.119	.125	k_3	0.25
	k_9	.008	.009	.009	.010	.011	.012	.012	.013	.014	.015	.015	k_9	
0.3	k_3	.075	.083	.090	.098	.105	.113	.120	.128	.135	.143	.150	k_3	0.3
	k_9	.009	.010	.011	.012	.013	.014	.015	.016	.016	.017	.018	k_9	
0.35	k_3	.088	.096	.105	.114	.123	.131	.140	.149	.158	.166	.175	k_3	0.35
	k_9	.011	.012	.013	.014	.015	.016	.017	.018	.019	.020	.021	k_9	
0.4	k_3	.100	.110	.120	.130	.140	.150	.160	.170	.180	.190	.200	k_3	0.4
	k_9	.012	.013	.015	.016	.017	.018	.019	.020	.022	.023	.024	k_9	
0.45	k_3	.113	.124	.135	.146	.158	.169	.180	.191	.203	.214	.225	k_3	0.45
	k_9	.014	.015	.016	.018	.019	.020	.021	.023	.024	.025	.026	k_9	
0.5	k_3	.125	.138	.150	.163	.175	.188	.200	.213	.225	.238	.250	k_3	0.5
	k_9	.015	.016	.018	.019	.021	.022	.024	.025	.026	.027	.029	k_9	
0.55	k_3	.138	.151	.165	.179	.193	.206	.220	.234	.248	.261	.275	k_3	0.55
	k_9	.016	.018	.020	.021	.023	.024	.026	.027	.028	.030	.031	k_9	
0.6	k_3	.150	.165	.180	.195	.210	.225	.240	.255	.270	.285	.300	k_3	0.6
	k_9	.018	.019	.021	.023	.024	.026	.028	.029	.030	.032	.033	k_9	
0.65	k_3	.163	.179	.195	.211	.228	.244	.260	.276	.293	.309	.325	k_3	0.65
	k_9	.019	.021	.023	.024	.026	.028	.029	.031	.032	.034	.035	k_9	
0.7	k_3	.175	.193	.210	.228	.245	.263	.280	.298	.315	.333	.350	k_3	0.7
	k_9	.020	.022	.024	.026	.028	.029	.031	.033	.034	.035	.037	k_9	
0.75	k_3	.188	.206	.225	.244	.263	.281	.300	.319	.338	.356	.375	k_3	0.75
	k_9	.021	.023	.025	.027	.029	.031	.033	.034	.036	.037	.038	k_9	
0.8	k_3	.200	.220	.240	.260	.280	.300	.320	.340	.360	.380	.400	k_3	0.8
	k_9	.022	.025	.027	.029	.031	.033	.034	.036	.037	.038	.039	k_9	
0.85	k_3	.213	.234	.255	.276	.298	.319	.340	.361	.383	.404	.425	k_3	0.85
	k_9	.023	.026	.028	.030	.032	.034	.036	.037	.038	.039	.040	k_9	
0.9	k_3	.225	.248	.270	.293	.315	.338	.360	.383	.405	.428	.450	k_3	0.9
	k_9	.024	.027	.029	.031	.033	.035	.037	.038	.039	.040	.041	k_9	
0.95	k_3	.238	.261	.285	.309	.333	.356	.380	.404	.428	.451	.475	k_3	0.95
	k_9	.025	.028	.030	.032	.034	.036	.038	.039	.040	.041	.042	k_9	
1.0	k_3	.250	.275	.300	.325	.350	.375	.400	.425	.450	.475	.500	k_3	1.0
	k_9	0.026	0.029	0.031	0.033	0.035	0.037	0.039	0.040	0.041	0.041	0.042	k_9	

Tabelle 14 C

n		m										n
		0.1	0.2	0.3	0.4	0.5	0.6	0.7	0.8	0.9		
	k_5										k_5	
0	k_6	0	0	0	0	0	0	0	0	0	k_6	0*
	k_7										k_7	
	k_5	0.007	0.007	0.008	0.008	0.009	0.010	0.010	0.011	0.011	k_5	
0.05	k_6	.007	.007	.008	.009	.009	.010	.010	.011	.011	k_6	0.05
	k_7	.007	.007	.008	.009	.009	.010	.010	.011	.012	k_7	
	k_5	.012	.014	.015	.016	.017	.018	.019	.020	.021	k_5	
0.1	k_6	.013	.014	.015	.017	.018	.019	.020	.021	.022	k_6	0.1
	k_7	.013	.014	.016	.017	.018	.019	.020	.021	.023	k_7	
	k_5	.018	.019	.021	.022	.024	.026	.027	.029	.030	k_5	
0.15	k_6	.019	.021	.023	.024	.025	.027	.028	.030	.031	k_6	0.15
	k_7	.019	.021	.023	.024	.026	.028	.030	.031	.033	k_7	
	k_5	.022	.024	.026	.028	.030	.032	.034	.036	.038	k_5	
0.2	k_6	.025	.027	.029	.031	.033	.035	.036	.038	.039	k_6	0.2
	k_7	.025	.027	.030	.032	.034	.036	.039	.041	.043	k_7	
	k_5	.026	.028	.030	.033	.035	.038	.040	.042	.045	k_5	
0.25	k_6	.031	.033	.035	.038	.040	.041	.043	.045	.046	k_6	0.25
	k_7	.031	.034	.036	.039	0.42	.044	.047	.050	.052	k_7	
	k_5	.029	.032	.034	.037	.039	.042	.045	.047	.050	k_5	
0.3	k_6	.036	.039	.041	.044	.046	.048	.049	.051	.052	k_6	0.3
	k_7	.036	.039	.042	.045	.049	.052	.055	.058	.061	k_7	
	k_5	.031	.034	.037	.040	.043	.046	.048	.051	.054	k_5	
0.35	k_6	.041	.044	.047	.049	.051	.053	.055	.056	.057	k_6	0.35
	k_7	.042	.045	.048	.052	.055	.059	.062	.066	.069	k_7	
	k_5	.033	.036	.039	.042	.045	.048	.051	.054	.057	k_5	
0.4	k_6	.046	.049	.052	.054	.056	.058	.059	.060	.061	k_6	0.4
	k_7	.046	.050	.053	.057	.061	.065	.069	.073	.077	k_7	
	k_5	.034	.037	.040	.043	.046	.050	.053	.056	.059	k_5	
0.45	k_6	.051	.054	.056	.059	.061	.062	.063	.064	.063	k_6	0.45
	k_7	.051	.055	.059	.063	.067	.071	.076	.080	.084	k_7	
	k_5	.034	.038	.041	.044	.047	.050	.053	.056	.059	k_5	
0.5	k_6	.055	.058	.060	.063	.064	.066	.066	.066	.065	k_6	0.5
	k_7	.055	.059	.063	.068	.072	.077	.082	.086	.090	k_7	
	k_5	.034	.037	.040	.043	.046	.050	.053	.056	.059	k_5	
0.55	k_6	.059	.062	.064	.066	.068	.069	.069	.068	.066	k_6	0.55
	k_7	.060	.063	.068	.072	.077	.082	.087	.092	.096	k_7	
	k_5	.033	.036	.039	.042	.045	.048	.051	.054	.057	k_5	
0.6	k_6	.063	.065	.068	.069	.070	.071	.070	.068	.065	k_6	0.6
	k_7	.063	.067	.072	.076	.082	.087	.092	.097	.101	k_7	
	k_5	.031	.034	.037	.040	.043	.046	.048	.051	.054	k_5	
0.65	k_6	.066	.069	.070	.072	.072	.072	.071	.068	.063	k_6	0.65
	k_7	.067	.071	.075	.080	.086	.091	.097	.102	.106	k_7	
	k_5	.029	.032	.034	.037	.039	.042	.045	.047	.050	k_5	
0.7	k_6	.070	.071	.073	.074	.074	.073	.071	.067	.061	k_6	0.7
	k_7	.070	.074	.078	.084	.089	.095	.101	.106	.110	k_7	
	k_5	.026	.028	.030	.033	.035	.038	.040	.042	.045	k_5	
0.75	k_6	.072	.074	.075	.075	.075	.073	.070	.064	.057	k_6	0.75
	k_7	.073	.077	.081	.087	.092	.098	.104	.109	.114	k_7	

Fortsetzung Tabelle 14 C auf Seite 46

Tabelle 14C (Fortsetzung)

n		m									n
		0.1	0.2	0.3	0.4	0.5	0.6	0.7	0.8	0.9	
	k_5	0.022	0.024	0.026	0.028	0.030	0.032	0.034	0.036	0.038	k_5
0.8	k_6	.075	.076	.077	.076	.075	.072	.068	.061	.052	k_6 0.8
	k_7	.076	.079	.084	.089	.095	.101	.107	.113	.117	k_7
	k_5	.018	.019	.021	.022	.024	.026	.027	.029	.030	k_5
0.85	k_6	.077	.078	.078	.077	.075	.071	.065	.057	.046	k_6 0.85
	k_7	.078	.082	.086	.091	.097	.103	.110	.115	.120	k_7
	k_5	.012	.014	.015	.016	.017	.018	.019	.020	.021	k_5
0.9	k_6	.080	.080	.079	.077	.074	.069	.062	.052	.039	k_6 0.9
	k_7	.081	.084	.088	.093	.099	.105	.112	.117	.121	k_7
	k_5	.007	.007	.008	.008	.009	.010	.010	.011	.011	k_5
0.95	k_6	.081	.081	.079	.077	.072	.066	.058	.046	.031	k_6 0.95
	k_7	.083	.085	.089	.095	.101	.107	.113	.119	.123	k_7
	k_5	0	0	0	0	0	0	0	0	0	k_5
1.0	k_6	.083	.082	.079	.076	.070	.063	.053	.040	.022	k_6 1.0
	k_7	0.084	0.087	0.091	0.096	.0102	0.108	0.114	0.120	0.124	k_7

Belastungsfall 15 (zu Tab. 15)

Gebundene Trapezlast

$s = n\,l$

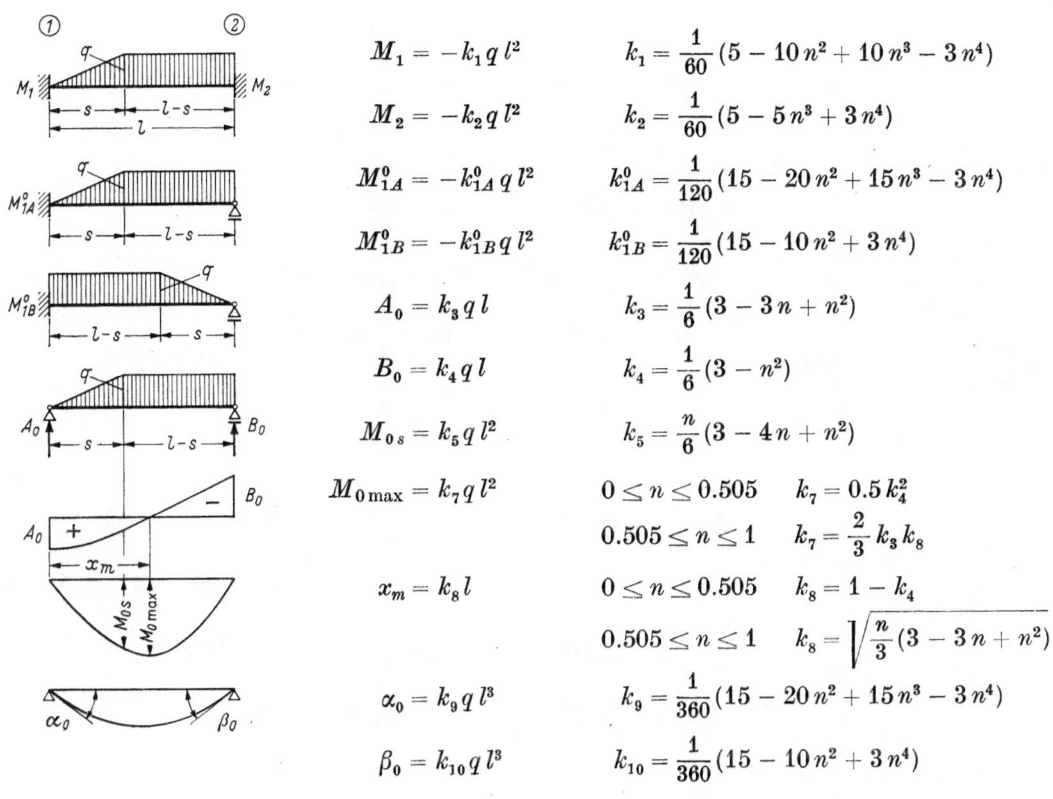

$$M_1 = -k_1 q\, l^2 \qquad k_1 = \frac{1}{60}(5 - 10n^2 + 10n^3 - 3n^4)$$

$$M_2 = -k_2 q\, l^2 \qquad k_2 = \frac{1}{60}(5 - 5n^3 + 3n^4)$$

$$M_{1A}^0 = -k_{1A}^0 q\, l^2 \qquad k_{1A}^0 = \frac{1}{120}(15 - 20n^2 + 15n^3 - 3n^4)$$

$$M_{1B}^0 = -k_{1B}^0 q\, l^2 \qquad k_{1B}^0 = \frac{1}{120}(15 - 10n^2 + 3n^4)$$

$$A_0 = k_3 q\, l \qquad k_3 = \frac{1}{6}(3 - 3n + n^2)$$

$$B_0 = k_4 q\, l \qquad k_4 = \frac{1}{6}(3 - n^2)$$

$$M_{0s} = k_5 q\, l^2 \qquad k_5 = \frac{n}{6}(3 - 4n + n^2)$$

$$M_{0\,\mathrm{max}} = k_7 q\, l^2 \qquad 0 \le n \le 0.505 \quad k_7 = 0.5\,k_4^2$$

$$0.505 \le n \le 1 \quad k_7 = \frac{2}{3} k_3 k_8$$

$$x_m = k_8\, l \qquad 0 \le n \le 0.505 \quad k_8 = 1 - k_4$$

$$0.505 \le n \le 1 \quad k_8 = \sqrt{\frac{n}{3}(3 - 3n + n^2)}$$

$$\alpha_0 = k_9 q\, l^3 \qquad k_9 = \frac{1}{360}(15 - 20n^2 + 15n^3 - 3n^4)$$

$$\beta_0 = k_{10} q\, l^3 \qquad k_{10} = \frac{1}{360}(15 - 10n^2 + 3n^4)$$

Tabelle 15

n	k_1	k_2	k_{1A}^0	k_{1B}^0	k_3	k_4	k_5	k_7	k_8	k_9	k_{10}	n
0	0	0.000	0.000	0.000	0.500	0.500	0.000	0.125	0.500	0.042	0.042	0
0.05	.083	.083	.125	.125	.475	.500	.023	.125	.500	.042	.042	0.05
0.1	.082	.083	.123	.124	.452	.498	.044	.124	.502	.041	.041	0.1
0.15	.080	.083	.122	.123	.429	.496	.061	.123	.504	.041	.041	0.15
0.2	.078	.083	.119	.122	.407	.493	.075	.122	.507	.040	.041	0.2
0.25	.075	.082	.116	.120	.385	.490	.086	.120	.510	.039	.040	0.25
0.3	.072	.081	.113	.118	.365	.485	.095	.118	.515	.038	.039	0.3
0.35	.069	.081	.110	.115	.345	.480	.100	.115	.520	.037	.038	0.35
0.4	.066	.079	.106	.112	.327	.473	.104	.112	.527	.035	.037	0.4
0.45	.063	.078	.102	.109	.309	.466	.105	.109	.534	.034	.036	0.45
0.5	.059	.076	.097	.106	.292	.458	.104	.105	.542	.032	.035	0.5
0.55	.056	.074	.093	.102	.275	.450	.101	.101	.550	.031	.034	0.55
0.6	.053	.072	.089	.098	.260	.440	.096	.097	.559	.030	.033	0.6
0.65	.050	.069	.084	.094	.245	.430	.089	.092	.565	.028	.031	0.65
0.7	.047	.067	.080	.090	.232	.418	.081	.088	.570	.027	.030	0.7
0.75	.044	.064	.076	.086	.219	.406	.070	.084	.573	.025	.029	0.75
0.8	.042	.061	.072	.082	.207	.393	.059	.079	.575	.024	.027	0.8
0.85	.039	.058	.068	.078	.195	.380	.046	.075	.576	.023	.026	0.85
0.9	.037	.055	.065	.074	.185	.365	.032	.071	.577	.022	.025	0.9
0.95	.035	.053	.061	.070	.175	.350	.016	.068	.577	.020	.023	0.95
1.0	.033	.050	.058	.067	.167	.333	0.000	.064	.577	.019	.022	1.0

Belastungsfall 16 (zu Tab. 16)

Gebundene Last nach Parabel 2. Grades

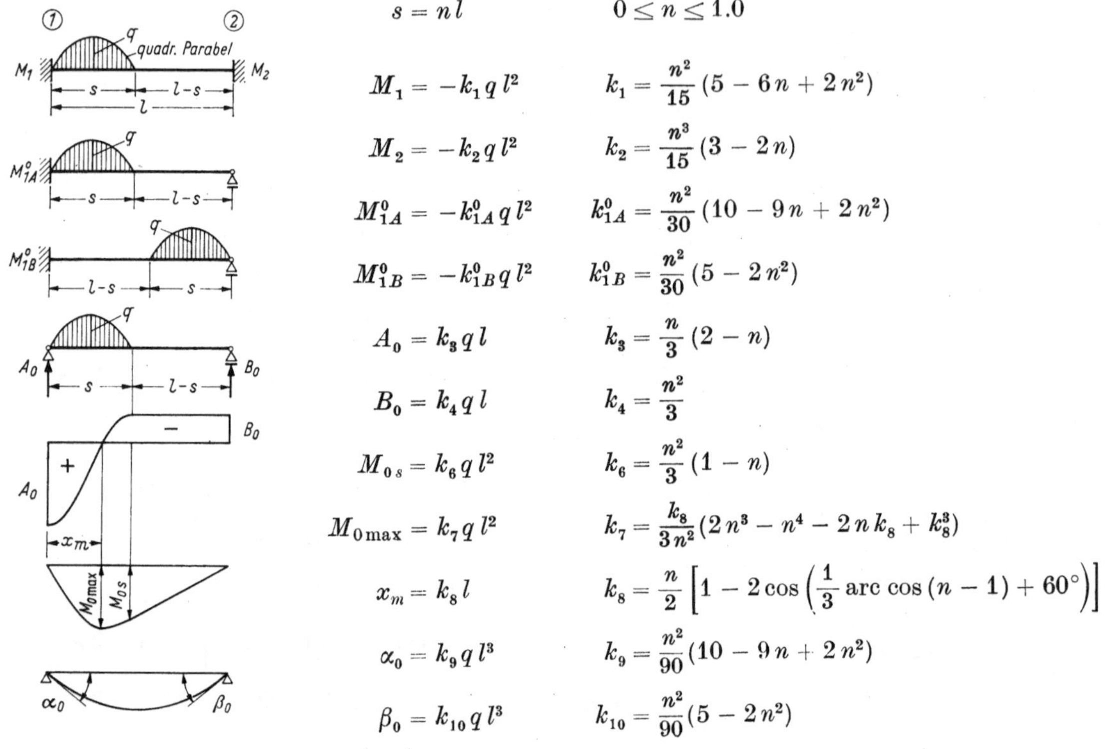

$s = n\,l \qquad 0 \leq n \leq 1.0$

$M_1 = -k_1\,q\,l^2 \qquad k_1 = \frac{n^2}{15}(5 - 6n + 2n^2)$

$M_2 = -k_2\,q\,l^2 \qquad k_2 = \frac{n^3}{15}(3 - 2n)$

$M^0_{1A} = -k^0_{1A}\,q\,l^2 \qquad k^0_{1A} = \frac{n^2}{30}(10 - 9n + 2n^2)$

$M^0_{1B} = -k^0_{1B}\,q\,l^2 \qquad k^0_{1B} = \frac{n^2}{30}(5 - 2n^2)$

$A_0 = k_3\,q\,l \qquad k_3 = \frac{n}{3}(2 - n)$

$B_0 = k_4\,q\,l \qquad k_4 = \frac{n^2}{3}$

$M_{0s} = k_6\,q\,l^2 \qquad k_6 = \frac{n^2}{3}(1 - n)$

$M_{0\max} = k_7\,q\,l^2 \qquad k_7 = \frac{k_8}{3n^2}(2n^3 - n^4 - 2n\,k_8 + k_8^3)$

$x_m = k_8\,l \qquad k_8 = \frac{n}{2}\left[1 - 2\cos\left(\frac{1}{3}\operatorname{arc\,cos}(n-1) + 60^\circ\right)\right]$

$\alpha_0 = k_9\,q\,l^3 \qquad k_9 = \frac{n^2}{90}(10 - 9n + 2n^2)$

$\beta_0 = k_{10}\,q\,l^3 \qquad k_{10} = \frac{n^2}{90}(5 - 2n^2)$

Tabelle 16

n	k_1	k_2	k^0_{1A}	k^0_{1B}	k_3	k_4	k_6	k_7	k_8	k_9	k_{10}	n
0	0	0	0	0	0	0	0	0	0	0	0	0
0.05	0.001	0.000	0.001	0.000	0.033	0.001	0.001	0.001	0.045	0.000	0.000	0.05
0.1	.003	.000	.003	.002	.063	.003	.003	.003	.086	.001	.001	0.1
0.15	.006	.001	.007	.004	.093	.008	.006	.006	.125	.002	.001	0.15
0.2	.010	.001	.011	.007	.120	.013	.011	.011	.161	.004	.002	0.2
0.25	.015	.003	.016	.010	.146	.021	.016	.016	.195	.005	.003	0.25
0.3	.020	.004	.022	.014	.170	.030	.021	.022	.227	.007	.005	0.3
0.35	.026	.007	.029	.019	.193	.041	.027	.029	.257	.010	.006	0.35
0.4	.031	.009	.036	.025	.213	.053	.032	.036	.285	.012	.008	0.4
0.45	.037	.013	.043	.031	.233	.068	.037	.043	.312	.014	.010	0.45
0.5	.042	.017	.050	.038	.250	.083	.042	.050	.337	.017	.013	0.5
0.55	.046	.021	.057	.044	.266	.101	.045	.058	.360	.019	.015	0.55
0.6	.051	.026	.064	.051	.280	.120	.048	.065	.382	.021	.017	0.6
0.65	.055	.031	.070	.059	.293	.141	.049	.072	.402	.023	.020	0.65
0.7	.058	.037	.076	.066	.303	.163	.049	.078	.421	.025	.022	0.7
0.75	.061	.042	.082	.073	.313	.188	.047	.084	.438	.027	.024	0.75
0.8	.063	,048	.087	.079	.320	.213	.043	.086	.454	.029	.026	0.8
0.85	.065	.053	.091	.086	.326	.241	.036	.094	.468	.030	.029	0.85
0.9	.066	.058	.095	.091	.330	.270	.027	.098	.480	.032	.030	0.9
0.95	.066	.063	.098	.096	.333	.301	.015	.102	.491	.033	.032	0.95
1.0	0.067	0.067	0.100	0.100	0.333	0.333	0.000	0.104	0.500	0.033	0.033	1.0

Belastungsfall 17 (zu Tab. 17)

Symmetrische Last nach Parabel 2. Grades

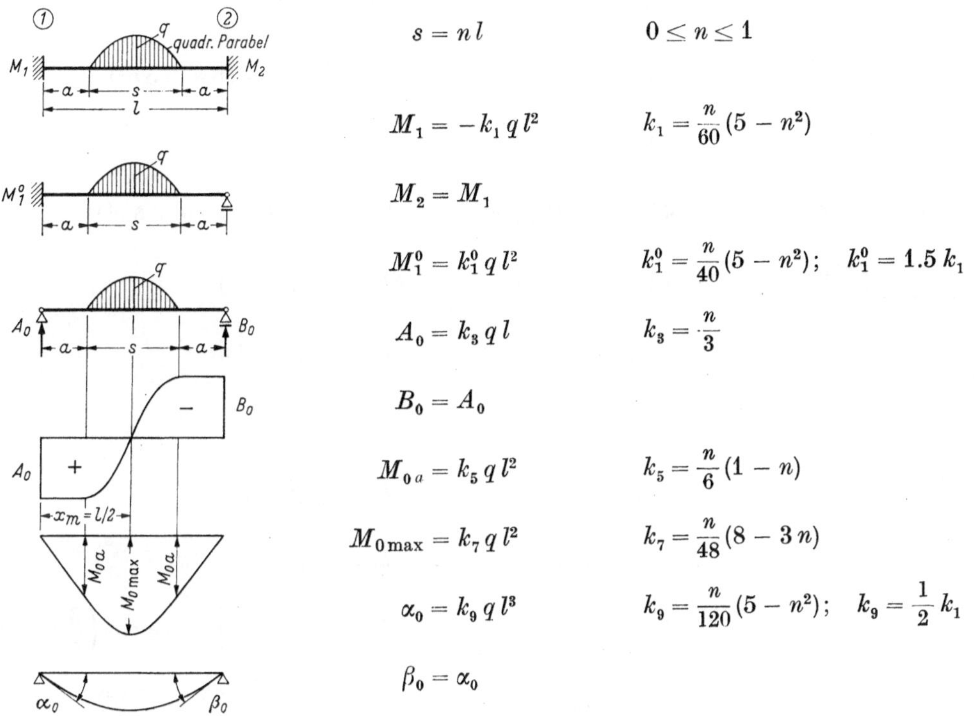

$s = n\,l \qquad 0 \leq n \leq 1$

$M_1 = -k_1\,q\,l^2 \qquad k_1 = \frac{n}{60}(5 - n^2)$

$M_2 = M_1$

$M_1^0 = k_1^0\,q\,l^2 \qquad k_1^0 = \frac{n}{40}(5 - n^2); \quad k_1^0 = 1.5\,k_1$

$A_0 = k_3\,q\,l \qquad k_3 = \frac{n}{3}$

$B_0 = A_0$

$M_{0a} = k_5\,q\,l^2 \qquad k_5 = \frac{n}{6}(1 - n)$

$M_{0\,\max} = k_7\,q\,l^2 \qquad k_7 = \frac{n}{48}(8 - 3\,n)$

$\alpha_0 = k_9\,q\,l^3 \qquad k_9 = \frac{n}{120}(5 - n^2); \quad k_9 = \frac{1}{2}\,k_1$

$\beta_0 = \alpha_0$

Tabelle 17

n	k_1	k_1^0	k_3	k_5	k_7	k_9	n
0	0	0	0	0	0	0	0
0.05	0.004	0.006	0.017	0.008	0.008	0.002	0.05
0.1	.008	.012	.033	.015	.016	.004	0.1
0.15	.012	.019	.050	.021	.024	.006	0.15
0.2	.017	.025	.067	.027	.031	.008	0.2
0.25	.021	.031	.083	.031	.038	.010	0.25
0.3	.025	.037	.100	.035	.044	.012	0.3
0.35	.028	.043	.117	.038	.051	.014	0.35
0.4	.032	.048	.133	.040	.057	.016	0.4
0.45	.036	.054	.150	.041	.062	.018	0.45
0.5	.040	.059	.167	.042	.068	.020	0.5
0.55	.043	.065	.183	.041	.073	.022	0.55
0.6	.046	.070	.200	.040	.078	.023	0.6
0.65	.050	.074	.217	.038	.082	.025	0.65
0.7	.053	.079	.233	.035	.086	.026	0.7
0.75	.055	.083	.250	.031	.090	.028	0.75
0.8	.058	.087	.267	.027	.093	.029	0.8
0.85	.061	.091	.283	.021	.097	.030	0.85
0.9	.063	.094	.300	.015	.099	.031	0.9
0.95	.065	.097	.317	.008	.102	.032	0.95
1.0	0.067	0.100	0.333	0.000	0.104	0.033	1.0

Belastungsfall 18 (zu Tab. 18)

Gebundene Last nach Parabel 2. Grades

$$s = n\,l \qquad 0 \leq n \leq 1$$

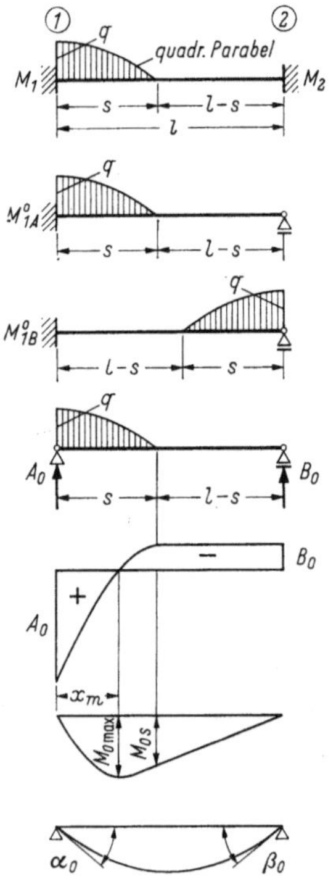

$$M_1 = -\,k_1\,q\,l^2 \qquad k_1 = \frac{n^2}{60}(15 - 16\,n + 5\,n^2)$$

$$M_2 = -\,k_2\,q\,l^2 \qquad k_2 = \frac{n^3}{60}(8 - 5\,n)$$

$$M^0_{1A} = -\,k^0_{1A}\,q\,l^2 \qquad k^0_{1A} = \frac{n^2}{120}(30 - 24\,n + 5\,n^2)$$

$$M^0_{1B} = -\,k^0_{1B}\,q\,l^2 \qquad k^0_{1B} = \frac{n^3}{24}(3 - n^2)$$

$$A_0 = k_3\,q\,l \qquad k_3 = \frac{n}{12}(8 - 3\,n)$$

$$B_0 = k_4\,q\,l \qquad k_4 = \frac{n^2}{4}$$

$$M_{0\,s} = k_5\,q\,l^2 \qquad k_5 = \frac{n^2}{4}(1 - n)$$

$$M_{0\,\max} = k_7\,q\,l^2 \qquad k_7 = \frac{k_8}{12}\left(12\,k_3 - 6\,k_8 + \frac{k_8{}^3}{n^2}\right)$$

$$x_m = k_8\,l \qquad k_8 = -\,2\,n\cos\left[\frac{1}{3}\arccos\left(\frac{3}{8}\,n - 1\right) + 60^\circ\right]$$

$$\alpha_0 = k_9\,q\,l^3 \qquad k_9 = \frac{n^2}{360}(30 - 24\,n + 5\,n^2)$$

$$\beta_0 = k_{10}\,q\,l^3 \qquad k_{10} = \frac{n^2}{72}(3 - n^2)$$

Tabelle 18

n	k_1	k_2	k^0_{1A}	k^0_{1B}	k_3	k_4	k_5	k_7	k_8	k_9	k_{10}	n
0	0	0	0	0	0	0	0	0	0	0	0	0
0.05	0.001	0.000	0.001	0.000	0.033	0.001	0.001	0.001	0.044	0.000	0.000	0.05
0.1	.002	.000	.002	.001	.064	.003	.002	.002	.084	.001	.000	0.1
0.15	.005	.000	.005	.003	.094	.006	.005	.005	.120	.002	.001	0.15
0.2	.008	.001	.008	.005	.123	.010	.008	.008	.153	.003	.002	0.2
0.25	.012	.002	.013	.008	.151	.016	.012	.012	.185	.004	.003	0.25
0.3	.016	.003	.017	.011	.178	.023	.016	.017	.214	.006	.004	0.3
0.35	.020	.004	.023	.015	.203	.031	.020	.022	.241	.008	.005	0.35
0.4	.025	.006	.028	.019	.227	.040	.024	.028	.266	.009	.006	0.4
0.45	.030	.009	.034	.024	.249	.051	.028	.033	.289	.011	.008	0.45
0.5	.034	.011	.040	.029	.271	.063	.031	.039	.311	.013	.010	0.5
0.55	.039	.015	.046	.034	.291	.076	.034	.045	.331	.015	.011	0.55
0.6	.043	.018	.052	.040	.310	.090	.036	.051	.350	.017	.013	0.6
0.65	.047	.022	.058	.045	.328	.106	.037	.057	.367	.019	.015	0.65
0.7	.051	.026	.064	.051	.344	.123	.037	.062	.382	.021	.017	0.7
0.75	.054	.030	.069	.057	.359	.141	.035	.068	.396	.023	.019	0.75
0.8	.058	.034	.075	.063	.373	.160	.032	.073	.409	.025	.021	0.8
0.85	.061	.038	.080	.069	.386	.181	.027	.078	.420	.027	.023	0.85
0.9	.063	.043	.084	.074	.398	.203	.020	.082	.430	.028	.025	0.9
0.95	.065	.046	.088	.079	.408	.226	.011	.086	.439	.029	.026	0.95
1.0	0.067	0.050	0.092	0.083	0.417	0.250	0.000	0.090	0.446	0.031	0.028	1.0

Belastungsfall 19 (zu Tab. 19)

Gebundene Last nach Parabel 2. Grades

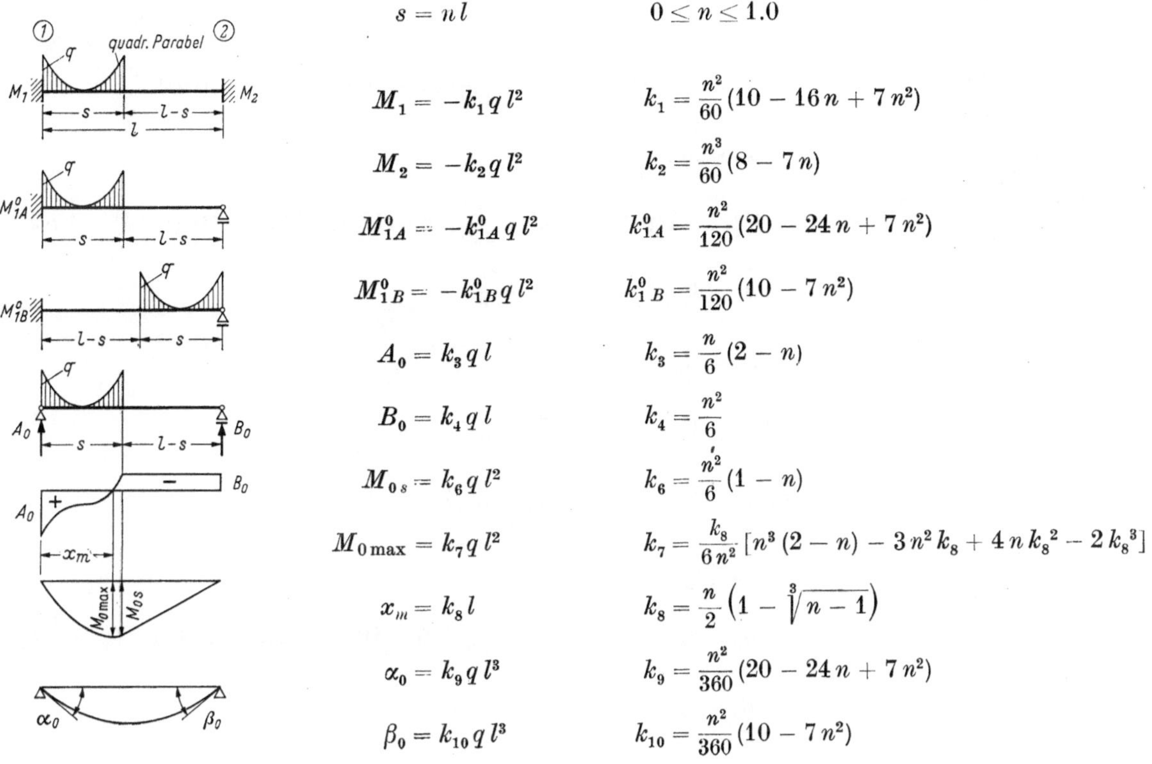

$s = n\,l \qquad 0 \leq n \leq 1.0$

$$M_1 = -k_1 q\, l^2 \qquad k_1 = \frac{n^2}{60}(10 - 16n + 7n^2)$$

$$M_2 = -k_2 q\, l^2 \qquad k_2 = \frac{n^3}{60}(8 - 7n)$$

$$M^0_{1A} = -k^0_{1A}\, q\, l^2 \qquad k^0_{1A} = \frac{n^2}{120}(20 - 24n + 7n^2)$$

$$M^0_{1B} = -k^0_{1B}\, q\, l^2 \qquad k^0_{1B} = \frac{n^2}{120}(10 - 7n^2)$$

$$A_0 = k_3 q\, l \qquad k_3 = \frac{n}{6}(2 - n)$$

$$B_0 = k_4 q\, l \qquad k_4 = \frac{n^2}{6}$$

$$M_{0s} = k_6 q\, l^2 \qquad k_6 = \frac{n^2}{6}(1 - n)$$

$$M_{0\,\max} = k_7 q\, l^2 \qquad k_7 = \frac{k_8}{6n^2}\left[n^3(2 - n) - 3n^2 k_8 + 4n k_8^2 - 2k_8^3\right]$$

$$x_m = k_8\, l \qquad k_8 = \frac{n}{2}\left(1 - \sqrt[3]{n - 1}\right)$$

$$\alpha_0 = k_9 q\, l^3 \qquad k_9 = \frac{n^2}{360}(20 - 24n + 7n^2)$$

$$\beta_0 = k_{10} q\, l^3 \qquad k_{10} = \frac{n^2}{360}(10 - 7n^2)$$

Tabelle 19

n	k_1	k_2	k^0_{1A}	k^0_{1B}	k_3	k_4	k_6	k_7	k_8	k_9	k_{10}	n
0	0	0	0	0	0	0	0	0	0	0	0	0
0.05	0.000	0.000	0.000	0.000	0.016	0.000	0.000	0.001	0.050	0.000	0.000	0.05
0.1	.001	.000	.000	.001	.032	.002	.001	.001	.098	.000	.000	0.1
0.15	.003	.000	.003	.002	.046	.004	.003	.003	.146	.001	.001	0.15
0.2	.005	.001	.005	.003	.060	.007	.005	.005	.193	.002	.001	0.2
0.25	.007	.002	.008	.005	.073	.010	.008	.008	.239	.003	.002	0.25
0.3	.009	.003	.010	.007	.085	.015	.011	.011	.283	.003	.002	0.3
0.35	.011	.004	.013	.009	.096	.020	.013	.014	.327	.004	.003	0.35
0.4	.013	.006	.015	.012	.107	.027	.016	.016	.369	.005	.004	0.4
0.45	.014	.007	.018	.014	.116	.034	.019	.019	.409	.006	.005	0.45
0.5	.016	.009	.020	.017	.125	.042	.021	.022	.448	.007	.006	0.5
0.55	.017	.012	.022	.020	.133	.050	.023	.024	.486	.007	.007	0.55
0.6	.018	.014	.024	.022	.140	.060	.024	.026	.521	.008	.007	0.6
0.65	.018	.016	.026	.025	.146	.070	.025	.028	.554	.009	.008	0.65
0.7	.018	.018	.027	.027	.152	.082	.025	.029	.584	.009	.009	0.7
0.75	.018	.019	.028	.028	.156	.094	.023	.029	.611	.009	.009	0.75
0.8	.018	.020	.028	.029	.160	.107	.021	.029	.634	.009	.010	0.8
0.85	.018	.021	,028	.030	.163	.120	.018	.028	.651	.009	.010	0.85
0.9	.017	.021	.027	.029	.165	.135	.014	.026	.659	.009	.010	0.9
0.95	.017	.019	.026	.028	.166	.150	.008	.024	.650	.009	.009	0.95
1.0	0.017	0.017	0.025	0.025	0.167	0.167	0.000	0.021	0.500	0.008	0.008	1.0

Belastungsfall 20 (zu Tab. 20)

Symmetrische Last nach Parabel 2. Grades

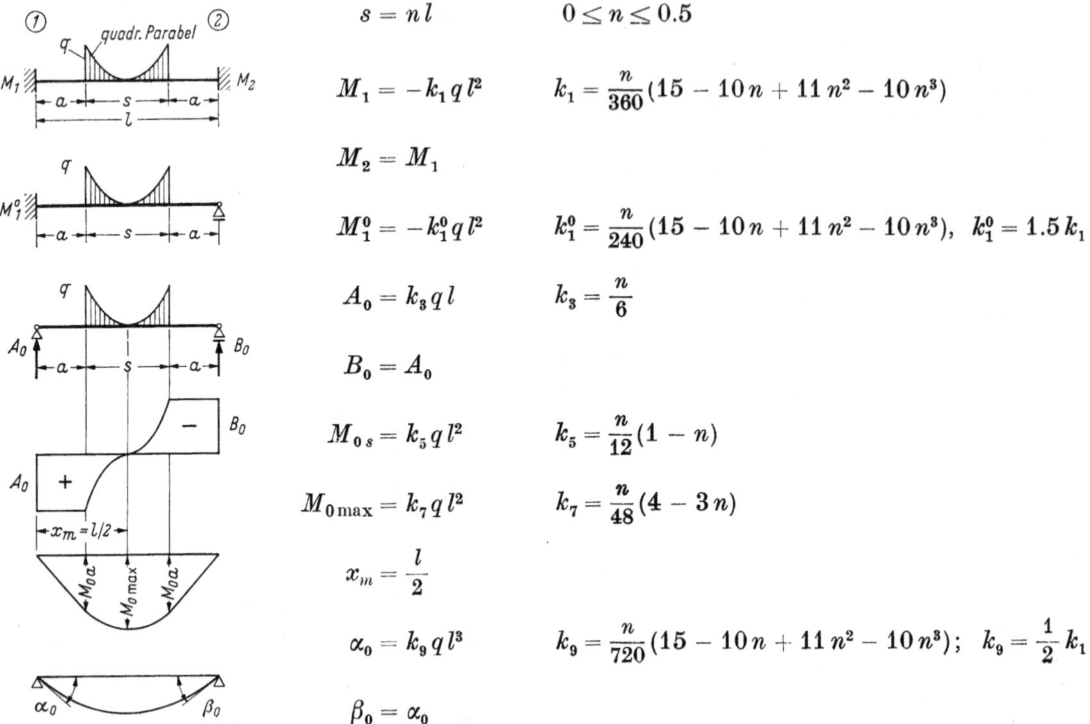

$$s = n\,l \qquad 0 \leq n \leq 0.5$$

$$M_1 = -k_1 q l^2 \qquad k_1 = \frac{n}{360}(15 - 10n + 11n^2 - 10n^3)$$

$$M_2 = M_1$$

$$M_1^0 = -k_1^0 q l^2 \qquad k_1^0 = \frac{n}{240}(15 - 10n + 11n^2 - 10n^3), \quad k_1^0 = 1.5\,k_1$$

$$A_0 = k_3 q l \qquad k_3 = \frac{n}{6}$$

$$B_0 = A_0$$

$$M_{0s} = k_5 q l^2 \qquad k_5 = \frac{n}{12}(1 - n)$$

$$M_{0\max} = k_7 q l^2 \qquad k_7 = \frac{n}{48}(4 - 3n)$$

$$x_m = \frac{l}{2}$$

$$\alpha_0 = k_9 q l^3 \qquad k_9 = \frac{n}{720}(15 - 10n + 11n^2 - 10n^3); \quad k_9 = \frac{1}{2}k_1$$

$$\beta_0 = \alpha_0$$

Tabelle 20

n	k_1	k_1^0	k_3	k_5	k_7	k_9	n
0	0	0	0	0	0	0	0
0.05	0.002	0.003	0.008	0.004	0.004	0.001	0.05
0.1	.004	.006	.017	.008	.008	.002	0.1
0.15	.006	.009	.025	.011	.011	.003	0.15
0.2	.007	.011	.033	.013	.014	.004	0.2
0.25	.009	.013	.042	.016	.017	.005	0.25
0.3	.011	.016	.050	.018	.019	.005	0.3
0.35	.012	.018	.058	.019	.022	.006	0.35
0.4	.013	.020	.067	.020	.023	.007	0.4
0.45	.015	.022	.075	.021	.025	.007	0.45
0.5	.016	.024	.083	.021	.026	.008	0.5
0.55	.017	.026	.092	.021	.027	.009	0.55
0.6	.018	.027	.100	.020	.028	.009	0.6
0.65	.019	.028	.108	.019	.028	.009	0.65
0.7	.019	.029	.117	.018	.028	.010	0.7
0.75	.020	.030	.125	.016	.027	.010	0.75
0.8	.020	.030	.133	.013	.027	.010	0.8
0.85	.020	.029	.142	.011	.026	.010	0.85
0.9	.019	.029	.150	.008	.024	.010	0.9
0.95	.018	.027	.158	.004	.023	.009	0.95
1.0	0.017	0.025	0.167	0.000	0.021	0.008	1.0

Belastungsfall 21 (zu Tab. 21)

Gebundene Last nach Parabel 2. Grades

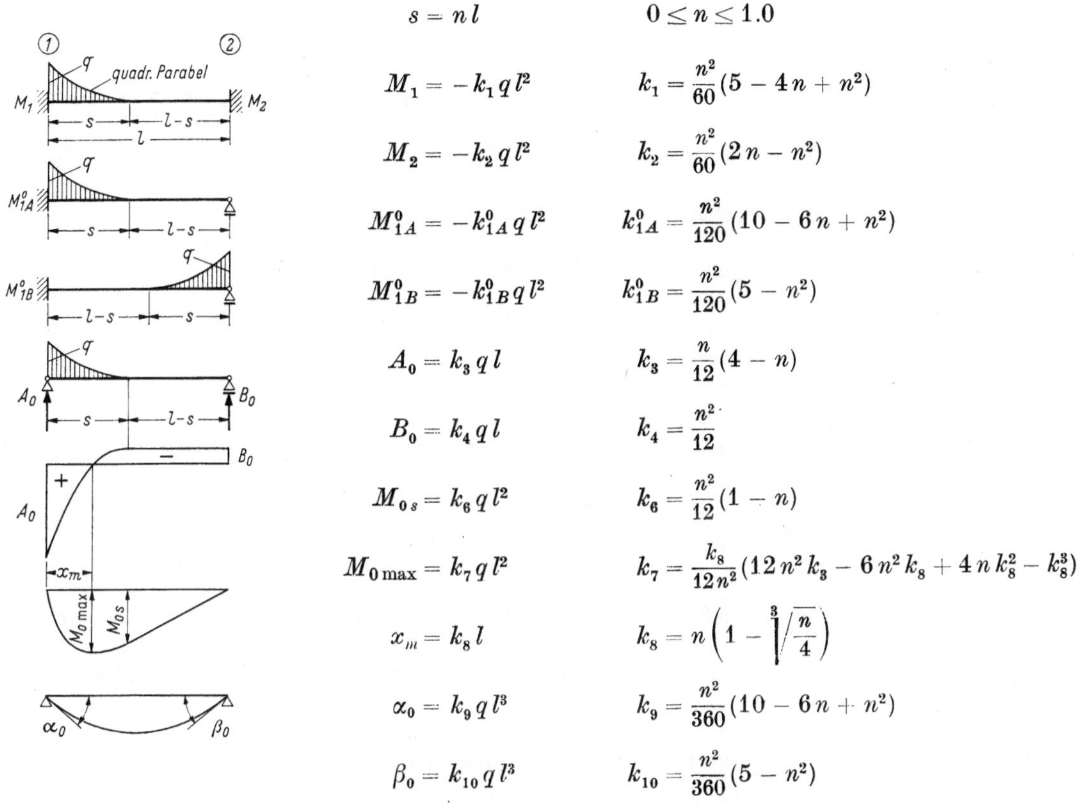

$s = n\,l$　　$0 \leq n \leq 1.0$

$M_1 = -k_1\,q\,l^2$　　$k_1 = \frac{n^2}{60}(5 - 4n + n^2)$

$M_2 = -k_2\,q\,l^2$　　$k_2 = \frac{n^2}{60}(2n - n^2)$

$M^0_{1A} = -k^0_{1A}\,q\,l^2$　　$k^0_{1A} = \frac{n^2}{120}(10 - 6n + n^2)$

$M^0_{1B} = -k^0_{1B}\,q\,l^2$　　$k^0_{1B} = \frac{n^2}{120}(5 - n^2)$

$A_0 = k_3\,q\,l$　　$k_3 = \frac{n}{12}(4 - n)$

$B_0 = k_4\,q\,l$　　$k_4 = \frac{n^2}{12}$

$M_{0s} = k_6\,q\,l^2$　　$k_6 = \frac{n^2}{12}(1 - n)$

$M_{0\max} = k_7\,q\,l^2$　　$k_7 = \frac{k_8}{12n^2}(12n^2k_3 - 6n^2k_8 + 4nk_8^2 - k_8^3)$

$x_m = k_8\,l$　　$k_8 = n\left(1 - \sqrt[3]{\frac{n}{4}}\right)$

$\alpha_0 = k_9\,q\,l^3$　　$k_9 = \frac{n^2}{360}(10 - 6n + n^2)$

$\beta_0 = k_{10}\,q\,l^3$　　$k_{10} = \frac{n^2}{360}(5 - n^2)$

Tabelle 21

n	k_1	k_2	k^0_{1A}	k^0_{1B}	k_3	k_4	k_6	k_7	k_8	k_9	k_{10}	n
0	0	0	0	0	0	0	0	0	0	0	0	0
0.05	0.000	0.000	0.000	0.000	0.016	0.000	0.000	0.000	0.038	0.000	0.000	0.05
0.1	.001	.000	.001	.000	.033	.001	.001	.001	.071	.000	.000	0.1
0.15	.002	.000	.002	.001	.048	.002	.002	.002	.100	.001	.000	0.15
0.2	.003	.000	.003	.002	.063	.003	.003	.003	.126	.001	.001	0.2
0.25	.004	.000	.004	.003	.078	.005	.004	.004	.151	.001	.001	0.25
0.3	.006	.001	.006	.004	.093	.008	.005	.006	.173	.002	.001	0.3
0.35	.008	.001	.008	.005	.106	.010	.007	.008	.195	.003	.002	0.35
0.4	.009	.002	.010	.006	.120	.013	.008	.010	.214	.003	.002	0.4
0.45	.011	.002	.013	.008	.133	.017	.009	.012	.233	.004	.003	0.45
0.5	.014	.003	.015	.010	.146	.021	.010	.014	.250	.005	.003	0.5
0.55	.016	.004	.018	.012	.158	.025	.011	.017	.266	.006	.004	0.55
0.6	.018	.005	.020	.014	.170	.030	.012	.019	.281	.007	.005	0.6
0.65	.020	.006	.023	.016	.181	.035	.012	.022	.295	.008	.005	0.65
0.7	.022	.007	.026	.018	.193	.041	.012	.024	.308	.009	.006	0.7
0.75	.024	.009	.028	.021	.203	.047	.012	.027	.321	.009	.007	0.75
0.8	.026	.010	.031	.023	.213	.055	.011	.029	.332	.010	.008	0.8
0.85	.028	.012	.034	.026	.223	.060	.009	.032	.343	.011	.009	0.85
0.9	.030	.013	.037	.028	.233	.068	.007	.034	.353	.012	.009	0.9
0.95	.032	.015	.039	.031	.241	.075	.004	.037	.362	.013	.010	0.95
1.0	0.033	0.017	0.042	0.033	0.250	0.083	0.000	0.037	0.370	0.014	0.011	1.0

Belastungsfall 22 (zu Tab. 22 A–E)

Freie Strecken-Gleichlast

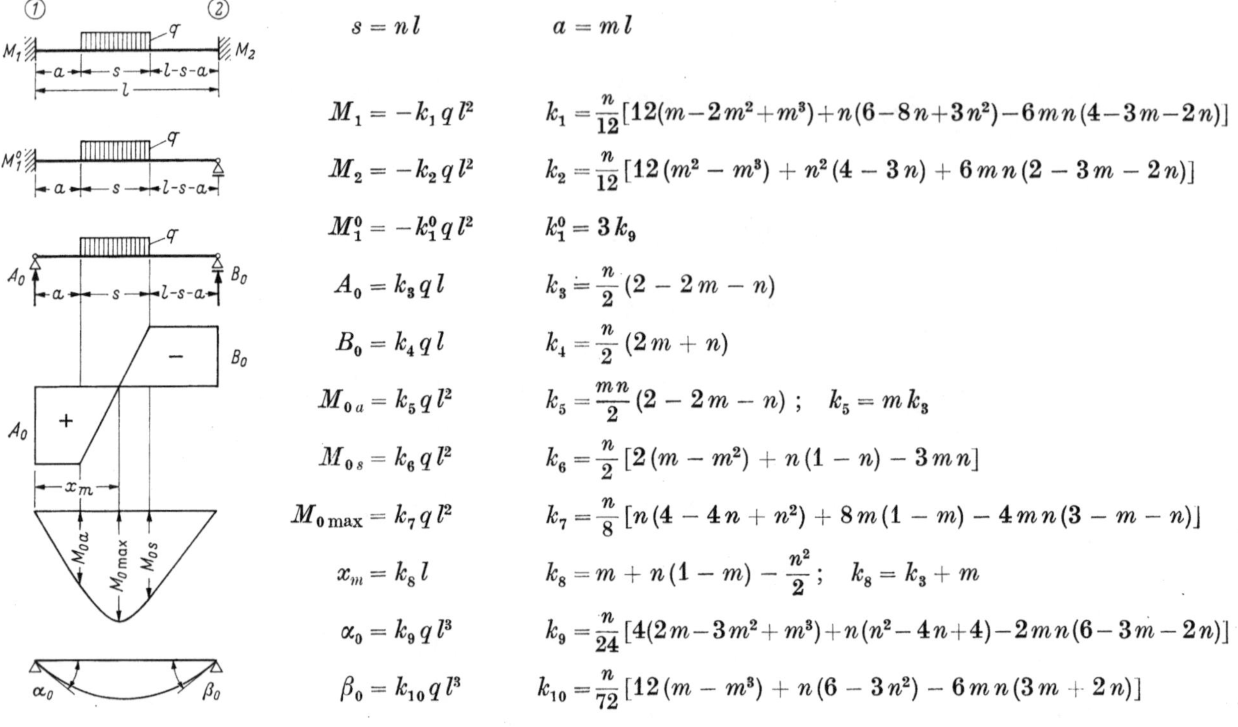

$s = n\,l \qquad a = m\,l$

$$M_1 = -k_1\,q\,l^2 \qquad k_1 = \frac{n}{12}[12(m-2m^2+m^3)+n(6-8n+3n^2)-6mn(4-3m-2n)]$$

$$M_2 = -k_2\,q\,l^2 \qquad k_2 = \frac{n}{12}[12(m^2-m^3)+n^2(4-3n)+6mn(2-3m-2n)]$$

$$M_1^0 = -k_1^0\,q\,l^2 \qquad k_1^0 = 3k_9$$

$$A_0 = k_3\,q\,l \qquad k_3 = \frac{n}{2}(2-2m-n)$$

$$B_0 = k_4\,q\,l \qquad k_4 = \frac{n}{2}(2m+n)$$

$$M_{0a} = k_5\,q\,l^2 \qquad k_5 = \frac{mn}{2}(2-2m-n)\,; \quad k_5 = m\,k_3$$

$$M_{0s} = k_6\,q\,l^2 \qquad k_6 = \frac{n}{2}[2(m-m^2)+n(1-n)-3mn]$$

$$M_{0\max} = k_7\,q\,l^2 \qquad k_7 = \frac{n}{8}[n(4-4n+n^2)+8m(1-m)-4mn(3-m-n)]$$

$$x_m = k_8\,l \qquad k_8 = m+n(1-m)-\frac{n^2}{2}\,; \quad k_8 = k_3+m$$

$$\alpha_0 = k_9\,q\,l^3 \qquad k_9 = \frac{n}{24}[4(2m-3m^2+m^3)+n(n^2-4n+4)-2mn(6-3m-2n)]$$

$$\beta_0 = k_{10}\,q\,l^3 \qquad k_{10} = \frac{n}{72}[12(m-m^3)+n(6-3n^2)-6mn(3m+2n)]$$

Werte k_1, k_2 und k_1^0: siehe Tab. 22 A
Werte k_3 und k_4: ,, Tab. 22 B
Werte k_5 und k_6: ,, Tab. 22 C
Werte k_7 und k_8: ,, Tab. 22 D
Werte k_9 und k_{10}: ,, Tab. 22 E

Tabelle 22 A

n		m = 0	0.1	0.2	0.3	0.4	0.5	0.6	0.7	0.8	0.9		n
0	k_1 k_2 k_1^0	0	0	0	0	0	0	0	0	0	0	k_1 k_2 k_1^0	0
0.05	k_1	0.001	0.005	0.007	0.007	0.007	0.006	0.004	0.003	0.001	0.000	k_1	0.05
	k_2	.000	.001	.002	.004	.005	.007	.007	.007	.006	.003	k_2	
	k_1^0	.001	.005	.008	.009	.010	.009	.008	.006	.004	.002	k_1^0	
0.1	k_1	.004	.011	.014	.015	.014	.011	.008	.005	.002	.000	k_1	0.1
	k_2	.000	.002	.005	.008	.011	.014	.015	.014	.011	.004	k_2	
	k_1^0	.005	.012	.016	.019	.019	.018	.015	.012	.007	.002	k_1^0	
0.15	k_1	.009	.017	.022	.022	.019	.016	.011	.006	.002		k_1	0.15
	k_2	.001	.004	.008	.013	.018	.021	.022	.020	.014		k_2	
	k_1^0	.010	.019	.026	.028	.028	.026	.022	.016	.009		k_1^0	

Tabelle 22 A (Fortsetzung)

n		m 0	0.1	0.2	0.3	0.4	0.5	0.6	0.7	0.8	0.9		n
	k_1	0.015	0.025	0.029	0.028	0.025	0.019	0.013	0.007	0.002		k_1	
0.2	k_2	.002	.007	.013	.019	.025	.028	.029	.025	.015		k_2	0.2
	k_1^0	.016	.028	.035	.038	.037	.033	.027	.019	.010		k_1^0	
	k_1	.022	.032	.036	.034	.029	.022	.014	.007			k_1	
0.25	k_2	.004	.010	.018	.026	.032	.035	.035	.028			k_2	0.25
	k_1^0	.024	.037	.045	.047	.045	.040	.031	.021			k_1^0	
	k_1	.029	.039	.042	.039	.033	.024	.015	.007			k_1	
0.3	k_2	.007	.015	.024	.033	.039	.042	.039	.029			k_2	0.3
	k_1^0	.033	.047	.054	.056	.052	.045	.034	.021			k_1^0	
	k_1	.036	.046	.048	.044	.035	.025	.015				k_1	
0.35	k_2	.011	.020	.030	.040	.047	.048	.043				k_2	0.35
	k_1^0	.042	.056	.063	.064	.059	.049	.036				k_1^0	
	k_1	.044	.053	.053	.047	.037	.026	.015				k_1	
0.4	k_2	.015	.026	.037	.047	.053	.053	.044				k_2	0.4
	k_1^0	.051	.066	.072	.071	.064	.052	.037				k_1^0	
	k_1	.051	.059	.058	.050	.039	.026					k_1	
0.45	k_2	.020	.032	.045	.055	.059	.056					k_2	0.45
	k_1^0	.061	.075	.080	.077	.068	.054					k_1^0	
	k_1	.057	.064	.061	.052	.039	.026					k_1	
0.5	k_2	.026	.039	.052	.061	.064	.057					k_2	0.5
	k_1^0	.070	.084	.087	.083	.071	.055					k_1^0	
	k_1	.063	.068	.064	.053	.040						k_1	
0.55	k_2	.033	.047	.059	.067	.067						k_2	0.55
	k_1^0	.079	.092	.094	.087	.073						k_1^0	
	k_1	.068	.072	.066	.054	.040						k_1	
0.6	k_2	.040	.054	.066	.072	.068						k_2	0.6
	k_1^0	.088	.099	.099	.090	.074						k_1^0	
	k_1	.073	.075	.067	.054							k_1	
0.65	k_2	.047	.061	.072	.075							k_2	0.65
	k_1^0	.006	.105	.103	.092							k_1^0	
	k_1	.076	.077	.068	.054							k_1	
0.7	k_2	.054	.068	.077	.076							k_2	0.7
	k_1^0	.104	.111	.106	.092							k_1^0	
	k_1	.079	.078	.068								k_1	
0.75	k_2	.062	.074	.080								k_2	0.75
	k_1^0	.110	.115	.108								k_1^0	
	k_1	.081	.079	.068								k_1	
0.8	k_2	.068	.079	.081								k_2	0.8
	k_1^0	.115	.118	.109								k_1^0	
	k_1	.082	.079									k_1	
0.85	k_2	.074	.082									k_2	0.85
	k_1^0	.119	.120									k_1^0	
	k_1	.083	.079									k_1	
0.9	k_2	.079	.083									k_2	0.9
	k_1^0	.123	.121									k_1^0	
	k_1	.083										k_1	
0.95	k_2	.082										k_2	0.95
	k_1^0	.124										k_1^0	
	k_1	.083										k_1	
1.0	k_2	.083										k_2	1.0
	k_1^0	.125										k_1^0	

Tabelle 22 B

n		m											n
		0	0.1	0.2	0.3	0.4	0.5	0.6	0.7	0.8	0.9		
0	k_3	0	0	0	0	0	0	0	0	0	0	k_3	0
	k_4											k_4	
0.05	k_3	0.049	0.044	0.039	0.034	0.029	0.024	0.019	0.014	0.009	0.004	k_3	0.05
	k_4	.001	.006	.011	.016	.021	.026	.031	.036	.041	.046	k_4	
0.1	k_3	.095	.085	.075	.065	.055	.045	.035	.025	.015	.005	k_3	0.1
	k_4	.005	.015	.025	.035	.045	.055	.065	.075	.085	.095	k_4	
0.15	k_3	.139	.124	.109	.094	.079	.064	.049	.034	.019		k_3	0.15
	k_4	.011	.026	.041	.056	.071	.086	.101	.116	.131		k_4	
0.2	k_3	.180	.160	.140	.120	.100	.080	.060	.040	.020		k_3	0.2
	k_4	.020	.040	.060	.080	.100	.120	.140	.160	.180		k_4	
0.25	k_3	.219	.194	.169	.144	.119	.094	.069	.044			k_3	0.25
	k_4	.031	.056	.081	.106	.131	.156	.181	.206			k_4	
0.3	k_3	.255	.225	.195	.165	.135	.105	.075	.045			k_3	0.3
	k_4	.045	.075	.105	.135	.165	.195	.225	.255			k_4	
0.35	k_3	.289	.254	.219	.184	.149	.114	.079				k_3	0.35
	k_4	.061	.096	.131	.166	.201	.236	.271				k_4	
0.4	k_3	.320	.280	.240	.200	.160	.120	.080				k_3	0.4
	k_4	.080	.120	.160	.200	.240	.280	.320				k_4	
0.45	k_3	.349	.304	.259	.214	.169	.124					k_3	0.45
	k_4	.101	.146	.191	.236	.281	.326					k_4	
0.5	k_3	.375	.325	.275	.225	.175	.125					k_3	0.5
	k_4	.125	.175	.225	.275	.325	.375					k_4	
0.55	k_3	.399	.344	.289	.234	.179						k_3	0.55
	k_4	.151	.206	.261	.316	.371						k_4	
0.6	k_3	.420	.360	.300	.240	.180						k_3	0.6
	k_4	.180	.240	.300	.360	.420						k_4	
0.65	k_3	.439	.374	.309	.244							k_3	0.65
	k_4	.211	.276	.341	.406							k_4	
0.7	k_3	.455	.385	.315	.245							k_3	0.7
	k_4	.245	.315	.385	.455							k_4	
0.75	k_3	.469	.394	.319								k_3	0.75
	k_4	.281	.356	.431								k_4	
0.8	k_3	.480	.400	.320								k_3	0.8
	k_4	.320	.400	.480								k_4	
0.85	k_3	.489	.404									k_3	0.85
	k_4	.361	.446									k_4	
0.9	k_3	.495	.405									k_3	0.9
	k_4	.405	.495									k_4	
0.95	k_3	.499										k_3	0.95
	k_4	.451										k_4	
1.0	k_3	.500										k_3	1.0
	k_4	.500										k_4	

Tabelle 22 C

n		m = 0	0.1	0.2	0.3	0.4	0.5	0.6	0.7	0.8	0.9		n
0	k_5 k_6	0	0	0	0	0	0	0	0	0	0	k_5 k_6	0
0.05	k_5 k_6	0 0.001	0.004 .005	0.008 .008	0.010 .010	0.012 .012	0.012 .012	0.011 .011	0.010 .009	0.007 .006	0.003 .002	k_5 k_6	0.05
0.1	k_5 k_6	0 .005	.009 .012	.015 .018	.020 .021	.022 .023	.023 .022	.021 .020	.018 .015	.012 .009	.005 .000	k_5 k_6	0.1
0.15	k_5 k_6	0 .010	.012 .020	.022 .027	.028 .031	.032 .032	.032 .030	.029 .025	.024 .017	.015 .007		k_5 k_6	0.15
0.2	k_5 k_6	0 .016	.016 .028	.028 .036	.036 .040	.040 .040	.040 .036	.036 .028	.028 .016	.016 .000		k_5 k_6	0.2
0.25	k_5 k_6	0 .023	.019 .037	.034 .045	.043 .048	.048 .046	.047 .039	.041 .027	.031 .010			k_5 k_6	0.25
0.3	k_5 k_6	0 .032	.023 .045	.039 .053	.050 .054	.054 .050	.053 .039	.045 .023	.032 .000			k_5 k_6	0.3
0.35	k_5 k_6	0 .040	.025 .053	.044 .059	.055 .058	.060 .050	.057 .035	.047 .014				k_5 k_6	0.35
0.4	k_5 k_6	0 .048	.028 .060	.048 .064	.060 .060	.064 .048	.060 .028	.048 .000				k_5 k_6	0.4
0.45	k_5 k_6	0 .056	.030 .066	.052 .067	.064 .059	.068 .042	.062 .016					k_5 k_6	0.45
0.5	k_5 k_6	0 .063	.033 .070	.055 .068	.068 .055	.070 .033	.063 .000					k_5 k_6	0.5
0.55	k_5 k_6	0 .068	.034 .072	.058 .065	.070 .047	.072 .019						k_5 k_6	0.55
0.6	k_5 k_6	0 .072	.036 .072	.060 .060	.072 .036	.072 .000						k_5 k_6	0.6
0.65	k_5 k_6	0 .074	.037 .069	.062 .051	.073 .020							k_5 k_6	0.65
0.7	k_5 k_6	0 .074	.039 .063	.063 .039	.074 .000							k_5 k_6	0.7
0.75	k_5 k_6	0 .070	.039 .053	.064 .022								k_5 k_6	0.75
0.8	k_5 k_6	0 .064	.040 .040	.064 .000								k_5 k_6	0.8
0.85	k_4 k_6	0 .054	.040 .022									k_5 k_6	0.85
0.9	k_5 k_6	0 .041	.041 .000									k_5 k_6	0.9
0.95	k_5 k_6	0 .023										k_5 k_6	0.95
1.0	k_5 k_6	0 .000										k_5 k_6	1.0

Tabelle 22 D

n		m: 0	0.1	0.2	0.3	0.4	0.5	0.6	0.7	0.8	0.9		n
0	k_7 k_8	0	0	0	0	0	0	0	0	0	0	k_7 k_8	0
0.05	k_7	0.001	0.005	0.009	0.011	0.012	0.012	0.011	0.010	0.007	0.003	k_7	0.05
	k_8	.049	.144	.239	.334	.429	.524	.619	.714	.809	.904	k_8	
0.1	k_7	.005	.012	.018	.022	.024	.024	.022	.018	.012	.005	k_7	0.1
	k_8	.095	.185	.275	.365	.455	.545	.635	.725	.815	.905	k_8	
0.15	k_7	.010	.020	.028	.033	.035	.034	.030	.024	.015		k_7	0.15
	k_8	.139	.224	.309	.394	.479	.564	.649	.734	.819		k_8	
0.2	k_7	.016	.029	.038	.043	.045	.043	.038	.029	.016		k_7	0.2
	k_8	.180	.260	.340	.420	.500	.580	.660	.740	.820		k_8	
0.25	k_7	.024	.038	.048	.053	.055	.051	.043	.032			k_7	0.25
	k_8	.219	.294	.369	.444	.519	.594	.669	.744			k_8	
0.3	k_7	.033	.048	.058	.063	.063	.058	.048	.033			k_7	0.3
	k_8	.255	.325	.395	.465	.535	.605	.675	.745			k_8	
0.35	k_7	.042	.058	.068	.072	.071	.063	.050				k_7	0.35
	k_8	.289	.354	.419	.484	.549	.614	.679				k_8	
0.4	k_7	.051	.067	.077	.080	.077	.067	.051				k_7	0.4
	k_8	.320	.380	.440	.500	.560	.620	.680				k_8	
0.45	k_7	.061	.077	.085	.087	.082	.070					k_7	0.45
	k_8	.349	.404	.459	.514	.569	.624					k_8	
0.5	k_7	.070	.085	.093	.093	.085	.070					k_7	0.5
	k_8	.375	.425	.475	.525	.575	.625					k_8	
0.55	k_7	.080	.093	.099	.097	.087						k_7	0.55
	k_8	.399	.444	.489	.534	.579						k_8	
0.6	k_7	.088	.101	.105	.101	.088						k_7	0.6
	k_8	.420	.460	.500	.540	.580						k_8	
0.65	k_7	.096	.107	.109	.103							k_7	0.65
	k_8	.439	.474	.509	.544							k_8	
0.7	k_7	.104	.113	.113	.104							k_8	0.7
	k_8	.455	.485	.515	.545							k_7	
0,75	k_7	.110	.117	.114								k_7	0.75
	k_8	.469	.494	.519								k_8	
0.8	k_7	.115	.120	.115								k_7	0.8
	k_8	.480	.500	.520								k_8	
0.85	k_7	.119	.122									k_7	0.85
	k_8	.489	.504									k_8	
0.9	k_7	.123	.123									k_7	0.9
	k_8	.495	.505									k_8	
0.95	k_7	.124										k_7	0.95
	k_8	.499										k_8	
1.0	k_7	.125										k_7	1.0
	k_8	.500										k_8	

Tabelle 22 E

n		m = 0	0.1	0.2	0.3	0.4	0.5	0.6	0.7	0.8	0.9		n
0	k_9 k_{10}	0	0	0	0	0	0	0	0	0	0	k_9 k_{10}	0
0.05	k_9	0.000	0.002	0.003	0.003	0.003	0.003	0.003	0.002	0.001	0.001	k_9	0.05
	k_{10}	.000	.001	.002	.002	.003	.003	.003	.003	.002	.001	k_{10}	
0.1	k_9	.002	.004	.005	.006	.006	.006	.005	.004	.002	.001	k_9	0.1
	k_{10}	.001	.002	.004	.005	.006	.006	.006	.005	.004	.002	k_{10}	
0.15	k_9	.003	.006	.009	.009	.009	.009	.007	.005	.003		k_9	0.15
	k_{10}	.002	.004	.006	.008	.009	.010	.009	.008	.005		k_{10}	
0.2	k_9	.005	.009	.012	.013	.012	.011	.009	.006	.003		k_9	0.2
	k_{10}	.003	.006	.009	.011	.012	.013	.012	.009	.005		k_{10}	
0.25	k_9	.008	.012	.015	.016	.015	.013	.010	.007			k_9	0.25
	k_{10}	.005	.009	.012	.014	.016	.015	.014	.010			k_{10}	
0.3	k_9	.011	.016	.018	.019	.017	.015	.011	.007			k_9	0.3
	k_{10}	.007	.011	.015	.017	.019	.018	.016	.011			k_{10}	
0.35	k_9	.014	.019	.021	.021	.020	.016	.012				k_9	0.35
	k_{10}	.010	.014	.018	.021	.021	.020	.017				k_{10}	
0.4	k_9	.017	.022	.024	.024	.021	.017	.012				k_9	0.4
	k_{10}	.012	.017	.021	.024	.024	.022	.017				k_{10}	
0.45	k_9	.020	.025	.027	.026	.023	.018					k_9	0.45
	k_{10}	.015	.021	.025	.027	.026	.023					k_{10}	
0.5	k_9	.023	.028	.029	.028	.024	.018					k_9	0.5
	k_{10}	.018	.024	.028	.029	.028	.023					k_{10}	
0.55	k_9	.027	.031	.031	.029	.024						k_9	0.55
	k_{10}	.021	.027	.030	.031	.029						k_{10}	
0.6	k_9	.029	.033	.033	.030	.025						k_9	0.6
	k_{10}	.025	.030	.033	.033	.029						k_{10}	
0.65	k_9	.032	.035	.034	.031							k_9	0.65
	k_{10}	.028	.033	.035	.034							k_{10}	
0.7	k_9	.035	.037	.035	.031							k_9	0.7
	k_{10}	.031	.035	.037	.035							k_{10}	
0.75	k_9	.037	.038	.036								k_9	0.75
	k_{10}	.034	.038	.038								k_{10}	
0.8	k_9	.038	.039	.036								k_9	0.8
	k_{10}	.036	.039	.038								k_{10}	
0.85	k_9	.040	.040									k_9	0.85
	k_{10}	.038	.040									k_{10}	
0.9	k_9	.041	.040									k_9	0.9
	k_{10}	.040	.041									k_{10}	
0.95	k_9	.041										k_9	0.95
	k_{10}	.041										k_{10}	
1.0	k_9	.042										k_9	1.0
	k_{10}	.042										k_{10}	

Belastungsfall 23 (zu Tab. 23 A–F)

Freie unsymmetrische Dreiecks-Streckenlast

$$s = n\,l \qquad a = m\,l \qquad 0 \leq (n + m) \leq 1.0$$

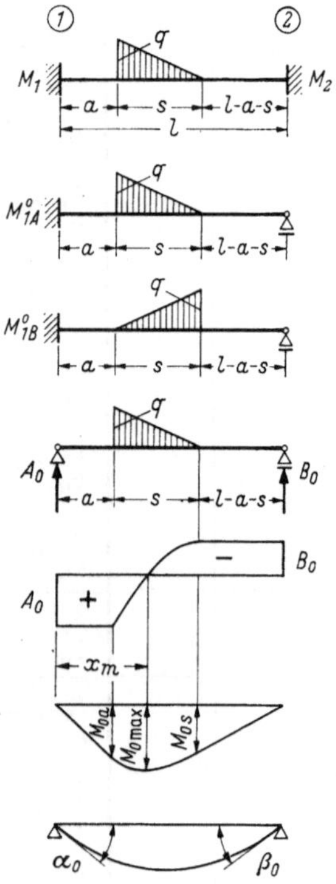

$$M_1 = -k_1 q l^2 \qquad k_1 = \frac{n}{60}[30\,m(m^2 - 2\,m + 1) + n(3\,n^2 - 10\,n + 10) + 5\,m\,n(6\,m - 8 + 3\,n)]$$

$$M_2 = -k_2 q l^2 \qquad k_2 = \frac{n}{60}[30\,m^2(1 - m) + n^2(5 - 3\,n) + 5\,m\,n(4 - 6\,m - 3\,n)]$$

$$M^0_{1A} = -k^0_{1A} q l^2 \qquad k^0_{1A} = \frac{n}{120}[30\,m(2 - 3\,m + m^2) + n(20 - 15\,n + 3\,n^2) + 15\,m\,n(2\,m - 4 + n)]$$

$$M^0_{1B} = -k^0_{1B} q l^2 \qquad k^0_{1B} = \frac{n}{120}[30\,m(2 - 3\,m + m^2) + n(40 - 45\,n + 12\,n^2) - 15\,m\,n(8 - 4\,m - 3\,n)]$$

$$A_0 = k_3 q l \qquad k_3 = \frac{n}{6}(3 - 3\,m - n)$$

$$B_0 = k_4 q l \qquad k_4 = \frac{n}{6}(3\,m + n)$$

$$M_{0a} = k_5 q l^2 \qquad k_5 = \frac{m\,n}{6}(3 - 3\,m - n)\,; \quad k_5 = m\,k_3$$

$$M_{0s} = k_6 q l^2 \qquad k_6 = \frac{n}{6}(3\,m + n)(1 - m - n)\,; \quad k_6 = k_4(1 - m - n)$$

$$M_{0\,\max} = k_7 q l^2 \qquad k_7 = \frac{1}{6\,n}[3\,k_8(2\,n\,k_8 + 2\,m\,n + m^2) - 3\,k_8^2(m + n) + k_8^3 - m^2(3\,n + m)]$$

$$x_m = k_8 l \qquad k_8 = m + n\left(1 - 0.57733\sqrt{3\,m + n}\right)$$

$$\alpha_0 = k_9 q l^3 \qquad k_9 = \frac{n}{360}[30\,m(2 - 3\,m + m^2) + n(20 - 15\,n + 3\,n^2) + 15\,m\,n(2\,m - 4 + n)]$$

$$\beta_0 = k_{10} q l^3 \qquad k_{10} = \frac{n}{360}[30\,m(1 - m^2) + n(10 - 3\,n^2) - 5\,m\,n(6\,m + 3\,n)]$$

Für diese Tabelle ist zu beachten, daß k^0_{1B} einen eigenen Belastungsfall betrifft, so daß die im Anhang dargelegten Beziehungen zwischen den Koeffizienten für k^0_{1B} nicht zutreffen.

Werte k_1 und k_2: siehe Tab. 23 A
Werte k^0_{1A} und k^0_{1B}: ,, Tab. 23 B
Werte k_3 und k_4: ,, Tab. 23 C
Werte k_5 und k_6: ,, Tab. 23 D
Werte k_7 und k_8: ,, Tab. 23 E
Werte k_9 und k_{10}: ,, Tab. 23 F

Tabelle 23 A

n		m = 0	0.1	0.2	0.3	0.4	0.5	0.6	0.7	0.8	0.9		n
0	k_1 k_2	0	0	0	0	0	0	0	0	0	0	k_1 k_2	0
0.05	k_1	0.000	0.002	0.003	0.004	0.004	0.003	0.002	0.001	0.001	0.000	k_1	0.05
	k_2	.000	.000	.001	.002	.003	.003	.004	.004	.003	.002	k_2	
0.1	k_1	.002	.005	.007	.007	.007	.006	.004	.003	.001	.000	k_1	0.1
	k_2	.000	.001	.002	.004	.005	.007	.007	.007	.006	.003	k_2	
0.15	k_1	.003	.008	.010	.011	.010	.008	.006	.004	.001		k_1	0.15
	k_2	.000	.001	.004	.006	.008	.010	.011	.010	.008		k_2	
0.2	k_1	.005	.011	.014	.015	.013	.011	.007	.004	.002		k_1	0.2
	k_2	.001	.002	.005	.008	.012	.014	.015	.013	.019		k_2	
0.25	k_1	.008	.015	.018	.018	.016	.013	.009	.005			k_1	0.25
	k_2	.001	.004	.007	.011	.015	.017	.018	.016			k_2	
0.3	k_1	.011	.018	.021	.021	.018	.014	.010	.005			k_1	0.3
	k_2	.002	.005	.010	.014	.018	.021	.021	.018			k_2	
0.35	k_1	.014	.022	.025	.024	.021	.016	.010				k_1	0.35
	k_2	.003	.007	.012	.017	.022	.024	.024				k_2	
0.4	k_1	.017	.025	.028	.027	.023	.017	.011				k_1	0.4
	k_2	.004	.009	.015	.021	.025	.028	.026				k_2	
0.45	k_1	.021	.029	.031	.029	.024	.018					k_1	0.45
	k_2	.006	.011	.018	.024	.029	.031					k_2	
	k_1	.024	.032	.034	.031	.026	.019					k_1	
0.5	k_2	.007	.014	.021	.027	.032	.033					k_2	0.5
0.55	k_1	.027	.035	.037	.033	.027						k_1	0.55
	k_2	.009	.016	.024	.031	.035						k_2	
0.6	k_1	.030	.038	.039	.035	.028						k_1	0.6
	k_2	.012	.019	.027	.034	.038						k_2	
0.65	k_1	.034	.041	.041	.036							k_1	0.65
	k_2	.014	.022	.030	.037							k_2	
0.7	k_1	.037	.043	.043	.038							k_1	0.7
	k_2	.017	.025	.034	.040							k_2	
0.75	k_1	.039	.045	.045								k_1	0.75
	k_2	.019	.028	.036								k_2	
0.8	k_1	.042	.048	.046								k_1	0.8
	k_2	.022	.031	.039								k_2	
0.85	k_1	.044	.049									k_1	0.85
	k_2	.025	.034									k_2	
0.9	k_1	0.46	.051									k_1	0.9
	k_2	0.28	.037									k_2	
0.95	k_1	.048										k_1	0.95
	k_2	.031										k_2	
1.0	k_1	.050										k_1	1.0
	k_2	.033										k_2	

Tabelle 23 B

n		m											n
		0	0.1	0.2	0.3	0.4	0.5	0.6	0.7	0.8	0.9		
0		0	0	0	0	0	0	0	0	0	0		0
0.05	k^0_{1A}	0.000	0.002	0.004	0.005	0.005	0.005	0.004	0.003	0.002	0.001	k^0_{1A}	0.05
	k^0_{1B}	.001	.003	.004	.005	.005	.005	.004	.003	.002	.001	k^0_{1B}	
0.1	k^0_{1A}	.002	.005	.008	.009	.010	.009	.008	.006	.004	.002	k^0_{1A}	0.1
	k^0_{1B}	.003	.006	.008	.009	.009	.009	.007	.005	.003	.001	k^0_{1B}	
0.15	k^0_{1A}	.003	.009	.012	.014	.014	.013	.012	.009	.005		k^0_{1A}	0.15
	k^0_{1B}	.006	.011	.013	.014	.014	.013	.010	.007	.004		k^0_{1B}	
0.2	k^0_{1A}	.006	.012	.017	.019	.019	.017	.015	.011	.006		k^0_{1A}	0.2
	k^0_{1B}	.010	.016	.018	.019	.018	.016	.012	.008	.003		k^0_{1B}	
0.25	k^0_{1A}	.009	.016	.021	.024	.023	.021	.018	.013			k^0_{1A}	0.25
	k^0_{1B}	.015	.021	.023	.023	.022	.018	.014	.008			k^0_{1A}	
0.3	k^0_{1A}	.012	.021	.026	.028	.028	.025	.020	.014			k^0_{1A}	0.3
	k^0_{1B}	.021	.026	.028	.028	.025	.020	.014	.007			k^0_{1B}	
0.35	k^0_{1A}	.015	.025	.031	.033	.032	.028	.022				k^0_{1A}	0.35
	k^0_{1B}	.026	.031	.033	.031	.027	.021	.014				k^0_{1B}	
0.4	k^0_{1A}	.019	.030	.035	.037	0.35	.031	.024				k^0_{1A}	0.4
	k^0_{1B}	.032	.036	.037	.034	0.29	.021	.013				k^0_{1B}	
0.45	k^0_{1A}	.023	.034	.040	.041	.039	.033					k^0_{1A}	0.45
	k^0_{1B}	.037	.041	.040	.036	.030	.021					k^0_{1B}	
0.5	k^0_{1A}	.028	.039	.044	.045	.042	.035					k^0_{1A}	
	k^0_{1B}	.043	.045	.043	.038	.029	.019					k^0_{1B}	0.5
0.55	k^0_{1A}	.032	.043	.048	.049	.045						k^0_{1A}	0.55
	k^0_{1B}	.048	.049	.045	.038	.029						k^0_{1B}	
0.6	k^0_{1A}	.036	.047	.052	.052	.047						k^0_{1A}	0.6
	k^0_{1B}	.052	.052	.047	.038	.027						k^0_{1B}	
0.65	k^0_{1A}	.041	.052	.056	.055							k^0_{1A}	0.65
	k^0_{1B}	.056	.054	.047	.037							k^0_{1B}	
0.7	k^0_{1A}	.045	.056	.060	.058							k^0_{1A}	0.7
	k^0_{1B}	.059	.055	.047	.035							k^0_{1B}	
0.75	k^0_{1A}	.049	.060	.063								k^0_{1A}	0.75
	k^0_{1B}	.061	.055	.045								k^0_{1B}	
0.8	k^0_{1A}	.053	.063	.066								k^0_{1A}	0.8
	k^0_{1B}	.062	.055	.043								k^0_{1B}	
0.85	k^0_{1A}	.057	.066									k^0_{1A}	0.85
	k^0_{1B}	0.63	.053									k^0_{1B}	
0.9	k^0_{1A}	.060	.069									k^0_{1A}	0.9
	k^0_{1B}	.062	.051									k^0_{1B}	
0.95	k^0_{1A}	.064										k^0_{1A}	0.95
	k^0_{1B}	.061										k^0_{1B}	
1.0	k^0_{1A}	.067										k^0_{1A}	0.1
	k^0_{1B}	.058										k^0_{1B}	

Tabelle 23 C

n		m 0	0.1	0.2	0.3	0.4	0.5	0.6	0.7	0.8	0.9		n
0		0	0	0	0	0	0	0	0	0	0		0
0.05	k_3	0.025	0.022	0.020	0.017	0.015	0.012	0.010	0.007	0.005	0.002	k_3	0.05
	k_4	.000	.003	.005	.008	.010	.013	.015	.018	.020	.023	k_4	
0.1	k_3	.048	.043	.038	.033	.028	.023	.018	.013	.008	.003	k_3	0.1
	k_4	.002	.007	.012	.017	.022	.027	.032	.037	.042	.047	k_4	
0.15	k_3	.071	.064	.056	.049	.041	.034	.026	.019	.011		k_3	0.15
	k_4	.004	.011	.019	.026	.034	.041	.049	.056	.064		k_4	
0.2	k_3	.093	.083	.073	.063	.053	.043	.033	.023	.013		k_3	0.2
	k_4	.007	.017	.027	.037	.047	.057	.067	.077	.087		k_4	
0.25	k_3	.115	.102	.090	.077	.065	.052	.040	.027			k_3	0.25
	k_4	.010	.023	.035	.048	.060	.073	.085	.098			k_4	
0.3	k_3	.135	.120	.105	.090	.075	.060	.045	.030			k_3	0.3
	k_4	.015	.030	.045	.060	.075	.090	.105	.120			k_4	
0.35	k_3	.155	.137	.120	.102	.085	.067	.050				k_3	0.35
	k_4	.020	.038	.055	.073	.090	.108	.125				k_4	
0.4	k_3	.173	.153	.133	.113	.093	.073	.053				k_3	0.4
	k_4	.027	.047	.067	.087	.107	.127	.147				k_4	
0.45	k_3	.191	.169	.146	.124	.101	.079					k_3	0.45
	k_4	.034	.056	.079	.101	.124	.146					k_4	
0.5	k_3	.208	.183	.158	.133	.108	.083					k_3	0.5
	k_4	.042	.067	.092	.117	.142	.167					k_4	
0.55	k_3	.225	.197	.170	.142	.115						k_3	0.55
	k_4	.050	.078	.105	.133	.160						k_4	
0.6	k_3	.240	.210	.180	.150	.120						k_3	0.6
	k_4	.060	.090	.120	.150	.180						k_4	
0.65	k_3	.255	.222	.190	.157							k_3	0.65
	k_4	.070	.103	.135	.168							k_4	
0.7	k_3	.268	.233	.198	.163							k_3	0.7
	k_4	.082	.117	.152	.187							k_4	
0.75	k_3	.281	.244	.206								k_3	0.75
	k_4	.094	.131	.169								k_4	
0.8	k_3	.293	.253	.213								k_3	0.8
	k_4	.107	.147	.187								k_4	
0.85	k_3	.305	.262									k_3	0.85
	k_4	.120	.163									k_4	
0.9	k_3	.315	.270									k_3	0.9
	k_4	.135	.180									k_4	
0.95	k_3	.325										k_3	0.95
	k_4	.150										k_4	
1.0	k_3	.333										k_3	1.0
	k_4	.167										k_4	

Tabelle 23 D

n		m = 0	0.1	0.2	0.3	0.4	0.5	0.6	0.7	0.8	0.9		n
0	k_5 k_6	0	0	0	0	0	0	0	0	0	0	k_5 k_6	0
0.05	k_5	0	0.002	0.004	0.005	0.006	0.006	0.006	0.006	0.004	0.002	k_5	0.05
	k_6	0.000	.002	.004	.005	.006	.006	.005	.004	.003	.001	k_6	
0.1	k_5	0	.004	.008	.010	.011	.012	.011	.009	.007	.003	k_5	0.1
	k_6	.002	.005	.008	.010	.011	.011	.010	.007	.004	0	k_6	
0.15	k_5	0	.006	.011	.015	.017	.017	.016	.013	.009		k_5	0.15
	k_6	.003	.008	.012	.014	.015	.014	.012	.008	.003		k_6	
0.2	k_5	0	.008	.015	.019	.021	.022	.020	.016	.011		k_5	0.2
	k_6	.005	.012	.016	.018	.019	.017	.013	.008	0		k_6	
0.25	k_5	0	.010	.018	.023	.026	.026	.024	.019			k_5	0.25
	k_6	.008	.015	.019	.022	.021	.018	.013	.005			k_6	
0.3	k_5	0	.012	.021	.027	.030	.030	.027	.021			k_5	0.3
	k_6	.011	.018	.023	.024	.023	.018	.011	0			k_6	
0.35	k_5	0	.014	.024	.031	.034	.034	.030				k_5	0.35
	k_6	.013	.021	.025	.026	.023	.016	.006				k_6	
0.4	k_5	0	.015	.027	.034	.037	.037	.032				k_5	0.4
	k_6	.016	.023	.027	.026	.021	.013	0				k_6	
0.45	k_5	0	.017	.029	.037	.041	.039					k_5	0.45
	k_6	.019	.025	.028	.025	.019	.007					k_6	
0.5	k_5	0	.018	.032	.040	.043	.042					k_5	0.5
	k_6	.021	.027	.028	.023	.014	0					k_6	
0.55	k_5	0	.020	.034	.043	.046						k_5	0.55
	k_6	.023	.027	.026	.020	.008						k_6	
0.6	k_5	0	.021	.036	.045	.048						k_5	0.6
	k_6	.024	.027	.024	.015	0						k_6	
0.65	k_5	0	.022	.038	.047							k_5	0.65
	k_6	.025	.026	.020	.008							k_6	
0.7	k_5	0	.023	.040	.049							k_5	0.7
	k_6	.025	.023	.015	0							k_6	
0.75	k_5	0	.024	.041								k_5	0.75
	k_6	.023	.020	.008								k_6	
0.8	k_5	0	.025	.043								k_5	0.8
	k_6	.021	.015	0								k_6	
0.85	k_5	0	.026									k_5	0.85
	k_6	.018	.008									k_6	
0.9	k_5	0	.027									k_5	0.9
	k_6	.014	0									k_6	
0.95	k_5	0										k_5	0.95
	k_6	.008										k_6	
1.0	k_5	0										k_5	1.0
	k_6	0										k_6	

Tabelle 23 E

n		m = 0	0.1	0.2	0.3	0.4	0.5	0.6	0.7	0.8	0.9		n
0	k_7	0	0	0	0	0	0	0	0	0	0	k_7	0
	k_8	0	0.100	0.200	0.300	0.400	0.500	0.600	0.700	0.800	0.900	k_8	
0.05	k_7	0.000	.003	.004	.005	.006	.006	.006	.005	.004	.002	k_7	0.05
	k_8	.043	.133	.227	.322	.418	.514	.611	.708	.805	.902	k_8	
0.1	k_7	.002	.005	.009	.011	.012	.012	.011	.009	.007	.003	k_7	0.1
	k_8	.082	.163	.252	.342	.434	.527	.620	.714	.809	.903	k_8	
0.15	k_7	.003	.009	.013	.016	.017	.018	.016	.013	.009		k_7	0.15
	k_8	.116	.192	.275	.361	.449	.539	.629	.720	.812		k_8	
0.2	k_7	.006	.013	.018	.021	.024	.023	.021	.017	.011		k_7	0.2
	k_8	.148	.218	.297	.379	.463	.549	.637	.725	.814		k_8	
0.25	k_7	.008	.017	.023	.026	.028	.028	.025	.019			k_7	0.25
	k_8	.178	.243	.317	.395	.476	.559	.643	.729			k_8	
0.3	k_7	.011	.021	.027	.032	.033	.032	.028	.021			k_7	0.3
	k_8	.205	.266	.336	.410	.488	.568	.649	.732			k_8	
0.35	k_7	.015	.025	.032	.037	.038	.036	.031				k_7	0.35
	k_8	.230	.287	.353	.424	.498	.575	.654				k_8	
0.4	k_7	.019	.029	.037	.041	.042	.040	.033				k_7	0.4
	k_8	.254	.307	.369	.437	.508	.582	.657				k_8	
0.45	k_7	.022	.034	.042	.046	.046	.043					k_7	0.45
	k_8	.276	.325	.384	.448	.516	.587					k_8	
0.5	k_7	.027	.038	.046	.050	.059	.045					k_7	0.5
	k_8	.296	.342	.397	.458	.524	.592					k_8	
0.55	k_7	.031	.042	.050	.054	.053						k_7	0.55
	k_8	.315	.357	.409	.468	.530						k_8	
0.6	k_7	.035	.047	.054	.057	.056						k_7	0.6
	k_8	.332	.371	.421	.476	.535						k_8	
0.65	k_7	.039	.051	.058	.061							k_7	0.65
	k_8	.347	.384	.430	.483							k_8	
0.7	k_7	.043	.055	.062	.064							k_7	0.7
	k_8	.362	.396	.439	.489							k_8	
0.75	k_7	.047	.059	.065								k_7	0.75
	k_8	.375	.406	.447								k_8	
0.8	k_7	.051	.062	.068								k_7	0,8
	k_8	.387	.416	.454								k_8	
0.85	k_7	.054	.065									k_7	0.85
	k_8	.398	.424									k_8	
0.9	k_7	.058	.068									k_7	0.9
	k_8	.407	.431									k_8	
0.95	k_7	.061										k_7	0.95
	k_8	.415										k_8	
1.0	k_7	.064										k_7	1.0
	k_8	.423										k_8	

Tabelle 23 F

n		m = 0	0.1	0.2	0.3	0.4	0.5	0.6	0.7	0.8	0.9		n
0	k_9	0	0	0	0	0	0	0	0	0	0	k_9	0
	k_{10}	0	0	0	0	0	0	0	0	0	0	k_{10}	
0.05	k_9	0.000	0.001	0.001	0.002	0.002	0.002	0.001	0.001	0.001	0.000	k_9	0.05
	k_{10}	.000	.000	.001	.001	.001	.002	.002	.001	.001	.001	k_{10}	
0.1	k_9	.001	.002	.003	.003	.003	.003	.003	.002	.001	.001	k_9	0.1
	k_{10}	.000	.001	.002	.002	.003	.003	.003	.003	.002	.001	k_{10}	
0.15	k_9	.001	.003	.004	.005	.005	.004	.004	.003	.002		k_9	0.15
	k_{10}	.001	.002	.003	.004	.004	.005	.005	.004	.003		k_{10}	
0.2	k_9	.002	.004	.006	.006	.006	.006	.005	.004	.002		k_9	0.2
	k_{10}	.001	.003	.004	.005	.006	.006	.006	.005	.003		k_{10}	
0.25	k_9	.003	.005	.007	.008	.008	.007	.006	.004			k_9	0.25
	k_{10}	.002	.004	.005	.007	.008	.008	.007	.006			k_{10}	
0.3	k_9	.004	.007	.009	.009	.009	.008	.007	.005			k_9	0.3
	k_{10}	.002	.005	.007	.008	.009	.009	.009	.007			k_{10}	
0.35	k_9	.005	.008	.010	.011	.011	.009	.007				k_9	0.35
	k_{10}	.003	.006	.008	.010	.011	.011	.010				k_{10}	
0.4	k_9	.006	.010	.012	.012	.012	.010	.008				k_9	0.4
	k_{10}	.004	.007	.010	.011	.012	.012	.011				k_{10}	
0.45	k_9	.008	.011	.013	.014	.013	.011					k_9	0.45
	k_{10}	.005	.008	.011	.013	.014	.013					k_{10}	
0.5	k_9	.009	.013	.015	.015	.014	.012					k_9	0.5
	k_{10}	.006	.010	.013	.014	.015	.014					k_{10}	
0.55	k_9	.011	.014	.016	.016	.015						k_9	0.55
	k_{10}	.008	.011	.014	.016	.016						k_{10}	
0.6	k_9	.012	.016	.017	.017	.016						k_9	0.6
	k_{10}	.009	.013	.016	.017	.017						k_{10}	
0.65	k_9	.014	.017	.019	.018							k_9	0.65
	k_{10}	.010	.014	.017	.018							k_{10}	
0.7	k_9	.015	.019	.020	.019							k_9	0.7
	k_{10}	.012	.016	.018	.020							k_{10}	
0.75	k_9	.016	.020	.021								k_9	0.75
	k_{10}	.013	.017	.020								k_{10}	
0.8	k_9	.018	.021	.022								k_9	0.8
	k_{10}	.014	.018	.021								k_{10}	
0.85	k_9	.019	.022									k_9	0.85
	k_{10}	.016	.020									k_{10}	
0.9	k_9	.020	.023									k_9	0.9
	k_{10}	.017	.021									k_{10}	
0.95	k_9	.021										k_9	0.95
	k_{10}	.018										k_{10}	
1.0	k_9	.022										k_9	1.0
	k_{10}	.019										k_{10}	

Belastungsfall 24 (zu Tab. 24 A–E)

Freie symmetrische Dreiecks-Streckenlast

$$s = n\,l \qquad a = m\,l \qquad 0 \le (m+n) \le 1.0$$

$$M_1 = -k_2\,q\,l^2 \qquad k_1 = \frac{n}{96}\,[48\,m\,(1-m)^2 + n\,(9\,n^2 - 28\,n + 24) + 6\,m\,n\,(12\,m - 16 + 7\,n)]$$

$$M_2 = -k_2\,q\,l^2 \qquad k_2 = \frac{n}{96}\,[48\,m^2\,(1-m) + n\,(14\,n - 9\,n^2) + 6\,m\,n\,(8 - 12\,m - 7\,n)]$$

$$M_1^0 = -k_1^0\,q\,l^2 \qquad k_1^0 = \frac{n}{64}\,[16\,m\,(m^2 - 3\,m + 2) + n\,(16 - 14\,n + 3\,n^2) + 2\,m\,n\,(12\,m - 24 + 7\,n)]$$

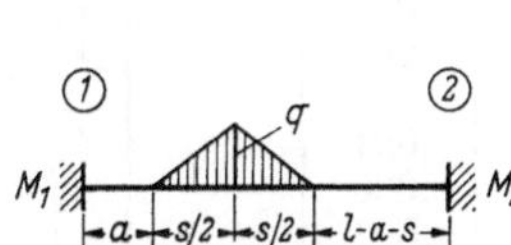

$$A_0 = k_3\,q\,l \qquad k_3 = \frac{n}{4}\,(2 - 2\,m - n)$$

$$B_0 = k_4\,q\,l \qquad k_4 = \frac{n}{4}\,(2\,m + n)$$

$$M_{0a} = k_5\,q\,l^2 \qquad k_5 = \frac{m\,n}{4}\,(2 - 2\,m - n)\,; \quad k_5 = m\,k_3$$

$$M_{0s} = k_6\,q\,l^2 \qquad k_6 = \frac{n}{4}\,(2\,m + n)\,(1 - m - n)\,; \quad k_6 = k_4\,(1 - m - n)$$

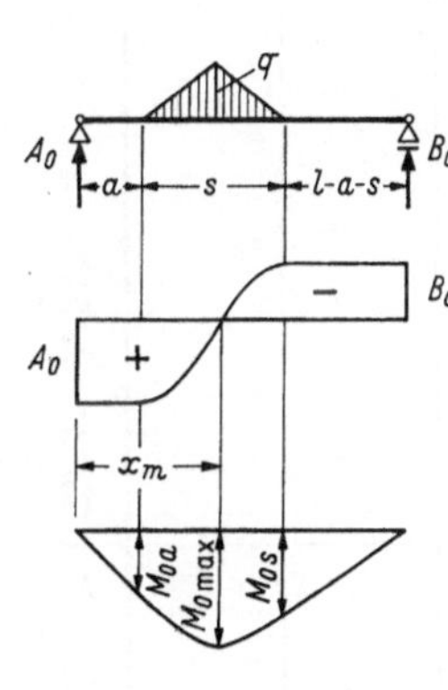

$$M_{0\max} = k_7\,q\,l^2 \qquad k_7 = k_3\,k_8 - \frac{1}{3\,n}\,(k_8^3 - 3\,m\,k_8^2 + 3\,m^2\,k_8 - m^3)$$

gültig für $\left(m + \frac{n}{2}\right) \le \frac{1}{2}$

$$k_7 = k_4\,(1 - k_8) - \frac{1}{3\,n}\,[(m+n)^3 - k_8^3 + 3\,(m+n)\,k_8^2 - 3\,(m+n)^2\,k_8]$$

gültig für $\left(m + \frac{n}{2}\right) \le \frac{1}{2}$

$$x_m = k_8\,l \qquad k_8 = 0.5\left(2\,m + n\sqrt{2 - 2\,m - n}\right)$$

gültig für $\left(m + \frac{n}{2}\right) \le \frac{1}{2}$

$$k_8 = 0.5\left(2\,m + n\left[2 - \sqrt{2\,m + n}\right]\right)$$

gültig für $\left(m + \frac{n}{2}\right) \le \frac{1}{2}$

$$\alpha_0 = k_9\,q\,l^3 \qquad k_9 = \frac{n}{192}\,[16\,m\,(m^2 - 3\,m + 2) + n\,(16 - 14\,n + 3\,n^2) + 2\,m\,n\,(12\,m - 24 + 7\,n)]$$

$$\beta_0 = k_{10}\,q\,l^3 \qquad k_{10} = \frac{n}{192}\,[16\,m\,(1 - m^2) + n\,(8 - 3\,n^2) - 2\,m\,n\,(12\,m + 7\,n)]$$

Werte k_1, k_2 und k_1^0: siehe Tab. 24 A

Werte k_3 und k_4: ,, Tab. 24 B

Werte k_5 und k_6: ,, Tab. 24 C

Werte k_7 und k_8: ,, Tab. 24 D

Werte k_9 und k_{10}: ,, Tab. 24 E

Tabelle 24 A

n		m = 0	0.1	0.2	0.3	0.4	0.5	0.6	0.7	0.8	0.9		n
	k_1											k_1	
0	k_2	0	0	0	0	0	0	0	0	0	0	k_2	0
	k_1^0											k_1^0	
	k_1	0.001	0.002	0.003	0.004	0.004	0.002	0.002	0.001	0.001	0.000	k_1	
0.05	k_2	.000	.000	.001	.002	.003	.003	.004	.004	.003	.002	k_2	0.05
	k_1^0	.001	.003	.004	.005	.005	.005	.004	.003	.002	.001	k_1^0	
	k_1	.002	.005	.007	.007	.007	.006	.004	.002	.001	.000	k_1	
0.1	k_2	.000	.001	.002	.004	.006	.007	.007	.007	.005	.002	k_2	0.1
	k_1^0	.002	.004	.008	.009	.010	.009	.008	.006	.004	.001	k_1^0	
	k_1	.005	.009	.011	.011	.010	.008	.005	.003	.001		k_1	
0.15	k_2	.000	.002	.004	.007	.009	.010	.011	.010	.007		k_2	0.15
	k_1^0	.005	.010	.013	.014	.014	.013	.011	.008	.005		k_1^0	
	k_1	.008	.013	.015	.014	.012	.010	.006	.003	.001		k_1	
0.2	k_2	.001	.003	.006	.010	.012	.014	.015	.013	.008		k_2	0.2
	k_1^0	.008	.014	.018	.019	.019	.017	.014	.010	.005		k_1^0	
	k_1	.011	.016	.018	.017	.015	.011	.007	.003			k_1	
0.25	k_2	.002	.005	.009	.013	.017	.018	.018	.014			k_2	0.25
	k_1^0	.012	.019	.023	.024	.023	.020	.016	.011			k_1^0	
	k_1	.015	.020	.022	.020	.017	.012	.007	.003			k_1	
0.3	k_2	.003	.007	.012	.017	.020	.022	.020	.015			k_2	0.3
	k_1^0	.017	.024	.028	.028	.027	.023	.017	.011			k_1^0	
	k_1	.020	.024	.025	.022	.018	.013	.007				k_1	
0.35	k_2	.005	.010	.015	.020	.024	.025	.022				k_2	0.35
	k_1^0	.022	.029	.032	.033	.030	.025	.018				k_1^0	
	k_1	.024	.028	.028	.024	.019	.013	.007				k_1	
0.4	k_2	.007	.013	.019	.024	.028	.028	.024				k_2	0.4
	k_1^0	.027	.034	.032	.037	.033	.027	.019				k_1^0	
	k_1	.028	.031	.030	.026	.020	.013					k_1	
0.45	k_2	.009	.016	.023	.028	.031	.030					k_2	0.45
	k_1^0	.033	.039	.042	.040	.035	.028					k_1^0	
	k_1	.032	.035	.032	.027	.020	.012					k_1	
0.5	k_2	.012	.020	.027	.032	.035	.032					k_2	0.5
	k_1^0	.038	.044	.046	.043	.037	.028					k_1^0	
	k_1	.036	.037	.034	.028	.020						k_1	
0.55	k_2	.016	.024	.031	.036	.037						k_2	0.55
	k_1^0	.044	.049	.050	.046	.038						k_1^0	
	k_1	.039	.040	.035	.028	.019						k_1	
0.6	k_2	.019	.028	.035	.040	.039						k_2	0.6
	k_1^0	.049	.054	.051	.048	.039						k_1^0	
	k_1	.042	.042	.036	.028							k_1	
0.65	k_2	.023	.032	.039	.043							k_2	0.65
	k_1^0	.054	.058	.056	.049							k_1^0	
	k_1	.045	.043	.036	.028							k_1	
0.7	k_2	.028	.036	.043	.045							k_2	0.7
	k_1^0	.059	.061	.058	.050							k_1^0	
	k_1	.047	.044	.037								k_1	
0.75	k_2	.032	.041	.046								k_2	0.75
	k_1^0	.063	.064	.060								k_1^0	
	k_1	.049	.045	.036								k_1	
0.8	k_2	.036	.045	.049								k_2	0.8
	k_1^0	.067	.067	.061								k_1^0	

Tabelle 24 A (Fortsetzung)

n	m										n
	0	0.1	0.2	0.3	0.4	0.5	0.6	0.7	0.8	0.9	
0.85 k_1	0.050	0.045									k_1 0.85
k_2	.041	.048									k_2
k_1^0	.071	.069									k_1^0
0.9 k_1	.051	.045									k_1 0.9
k_2	.045	.051									k_2
k_1^0	.074	.070									k_1^0
0.95 k_1	.052										k_1 0.95
k_2	.049										k_2
k_1^0	.076										k_1^0
1.0 k_1	.052										k_1 1.0
k_2	.052										k_2
k_1^0	.078										k_1^0

Tabelle 24 B

n	m										n
	0	0.1	0.2	0.3	0.4	0.5	0.6	0.7	0.8	0.9	
0	0	0	0	0	0	0	0	0	0	0	0
0.05 k_3	0.024	0.022	0.019	0.017	0.014	0.012	0.009	0.007	0.004	0.002	k_3 0.05
k_4	.001	.003	.006	.008	.011	.013	.016	.018	.021	.023	k_4
0.1 k_3	.048	.043	.038	.033	.028	.023	.018	.013	.008	.003	k_3 0.1
k_4	.003	.008	.013	.018	.023	.028	.033	.038	.043	.048	k_4
0.15 k_3	.069	.062	.054	.047	.039	.032	.024	.017	.009		k_3 0.15
k_4	.006	.013	.021	.028	.036	.043	.051	.058	.066		k_4
0.2 k_3	.090	.080	.070	.060	.050	.040	.030	.020	.010		k_3 0.2
k_4	.010	.020	.030	.040	.050	.060	.070	.080	.090		k_4
0.25 k_3	.109	.097	.084	.072	.059	.047	.034	.022			k_3 0.25
k_4	.016	.028	.041	.053	.066	.078	.091	.103			k_4
0.3 k_3	.128	.113	.098	.083	.068	.053	.038	.023			k_3 0.3
k_4	.023	.038	.053	.068	.083	.098	.113	.128			k_4
0.35 k_3	.144	.127	.109	.092	.074	.057	.039				k_3 0.35
k_4	.031	.048	.066	.083	.101	.118	.136				k_4
0.4 k_3	.160	.140	.120	.100	.080	.060	.040				k_3 0.4
k_4	.040	.060	.080	.100	.120	.140	.160				k_4
0.45 k_3	.174	.152	.129	.107	.084	.062					k_3 0.45
k_4	.051	.073	.096	.118	.141	.163					k_4
0.5 k_3	.188	.163	.138	.113	.088	.063					k_3 0.5
k_4	.063	.088	.113	.138	.163	.188					k_4
0.55 k_3	.199	.172	.144	.117	.089						k_3 0.55
k_4	.076	.103	.131	.158	.186						k_4
0.6 k_3	.210	.180	.150	.120	.090						k_3 0.6
k_4	.090	.120	.150	.180	.210						k_4
0.65 k_3	.219	.187	.154	.122							k_3 0.65
k_4	.106	.138	.171	.203							k_4
0.7 k_3	.228	.193	.158	.123							k_3 0.7
k_4	.123	.158	.193	.228							

Tabelle 24 B (Fortsetzung)

n		m 0	0.1	0.2	0.3	0.4	0.5	0.6	0.7	0.8	0.9		n
0.75	k_3	0.234	0.197	0.159								k_3	0.75
	k_4	.141	.178	.216								k_4	
0.8	k_3	.240	.200	.160								k_3	0.8
	k_4	.160	.200	.240								k_4	
0.85	k_3	.244	.202									k_3	0.85
	k_4	.181	.223									k_4	
0.9	k_3	.248	.203									k_3	0.9
	k_4	.202	.248									k_4	
0.95	k_3	.249										k_3	0.95
	k_4	.226										k_4	
1.0	k_3	.250										k_3	1.0
	k_4	.250										k_4	

Tabelle 24 C

n		m 0	0.1	0.2	0.3	0.4	0.5	0.6	0.7	0.8	0.9		n
0	k_5	0	0	0	0	0	0	0	0	0	0	k_5	0
	k_6											k_6	
0.05	k_5	0	0.002	0.004	0.005	0.006	0.006	0.006	0.005	0.004	0.002	k_5	0.05
	k_6	0.001	.003	.004	.005	.006	.006	.005	.005	.003	.001	k_6	
0.1	k_5	0	.004	.008	.010	.011	.011	.011	.009	.006	.002	k_5	0.1
	k_6	.002	.006	.009	.011	.011	.011	.010	.008	.004	0	k_6	
0.15	k_5	0	.006	.011	.014	.016	.016	.015	.012	.008		k_5	0.15
	k_6	.005	.010	.013	.015	.016	.015	.013	.009	.003		k_6	
0.2	k_5	0	.008	.014	.018	.020	.020	.018	.014	.008		k_5	0.2
	k_6	.008	.014	.018	.020	.020	.018	.014	.008	0		k_6	
0.25	k_5	0	.010	.017	.022	.024	.023	.021	.015			k_5	0.25
	k_6	.012	.018	.022	.024	.023	.020	.014	.005			k_6	
0.3	k_5	0	.011	.020	.025	.027	.026	.023	.016			k_5	0.3
	k_6	.016	.023	.026	.027	.025	.020	.011	0			k_6	
0.35	k_5	0	.013	.022	.028	.030	.028	.024				k_5	0.35
	k_6	.020	.026	.030	.029	.025	.018	.007				k_6	
0.4	k_5	0	.014	.024	.030	.032	.030	.024				k_5	0.4
	k_6	.024	.030	.032	.030	.024	.014	0				k_6	
0.45	k_5	0	.015	.026	.032	.034	.031					k_5	0.45
	k_6	.028	.033	.033	.030	.021	.008					k_6	
0.5	k_5	0	.016	.028	.034	.035	.031					k_5	0.5
	k_6	.031	.035	.034	.028	.016	0					k_6	
0.55	k_5	0	.017	.029	.035	.036						k_5	0.55
	k_6	.034	.036	.033	.024	.009						k_6	
0.6	k_5	0	.018	.030	.036	.036						k_5	0.6
	k_6	.036	.036	.030	.018	0						k_6	
0.65	k_5	0	.019	.031	.037							k_5	0.65
	k_6	.037	.035	.026	.010							k_6	

Tabelle 24 C (Fortsetzung)

n		m = 0	0.1	0.2	0.3	0.4	0.5	0.6	0.7	0.8	0.9		n
0.7	k_5	0	0.019	0.032	0.037							k_5	0.7
	k_6	.037	.032	.019	0							k_6	
0.75	k_5	0	.020	.032								k_5	0.75
	k_6	.035	.027	.011								k_5	
0.8	k_5	0	.020	.032								k_5	0.8
	k_6	.032	.020	0								k_6	
0.85	k_5	0	.020									k_5	0.85
	k_6	.027	.011									k_6	
0.9	k_5	0	.020									k_5	0.9
	k_6	.020	0									k_6	
0.95	k_5	0										k_5	0.95
	k_6	.011										k_6	
1.0	k_5	0										k_5	1.0
	k_6	0										k_6	

Tabelle 24 D

n		m = 0	0.1	0.2	0.3	0.4	0.5	0.6	0.7	0.8	0.9		n
0	k_7	0	0	0	0	0	0	0	0	0	0	k_7	0
	k_8											k_8	
0.05	k_7	0.001	0.003	0.004	0.005	0.006	0.006	0.006	0.005	0.004	0.002	k_7	0.05
	k_8	.044	.138	.233	.330	.427	.524	.622	.719	.815	.910	k_8	
0.1	k_7	.002	.007	.009	.011	.012	.012	.011	.009	.007	.002	k_7	0.1
	k_8	.084	.173	.265	.358	.453	.547	.642	.735	.827	.916	k_8	
0.15	k_7	.005	.010	.014	.017	.024	.017	.016	.012	.008		k_7	0.15
	k_8	.121	.206	.294	.385	.477	.569	.660	.750	.838		k_8	
0.2	k_7	.008	.015	.020	.022	.023	.022	.020	.015	.008		k_7	0.2
	k_8	.155	.237	.323	.411	.500	.589	.677	.763	.845		k_8	
0.25	k_7	.012	.020	.025	.028	.029	.027	.023	.016			k_7	0.25
	k_8	.188	.266	.349	.435	.522	.608	.693	.774			k_8	
0.3	k_7	.017	.025	.031	.033	.033	.031	.025	.017			k_7	0.3
	k_8	.218	.294	.375	.458	.542	.626	.706	.782			k_8	
0.35	k_7	.022	.031	.036	.039	.038	.034	.027				k_7	0.35
	k_8	.246	.320	.398	.479	.561	.641	.717				k_8	
0.4	k_7	.027	.036	.042	.043	.042	.036	.027				k_7	0.4
	k_8	.274	.345	.421	.500	.579	.655	.726				k_8	
0.45	k_7	.033	.042	.047	.048	.045	.038					k_7	0.45
	k_8	.299	.369	.443	.519	.595	.667					k_8	
0.5	k_7	.039	.047	.052	.052	.047	.039					k_7	0.5
	k_8	.323	.391	.463	.537	.609	.677					k_8	
0.55	k_7	.044	.052	.056	.055	.049						k_7	0.55
	k_8	.346	.412	.482	.554	.622						k_8	
0.6	k_7	.050	.057	.060	.057	.050						k_7	0.6
	k_8	.368	.432	.500	.568	.632						k_8	

Tabelle 24 D (Fortsetzung)

n		m: 0	0.1	0.2	0.3	0.4	0.5	0.6	0.7	0.8	0.9		n
0.65	k_7	0.055	0.062	0.063	0.059							k_7	0.65
	k_8	.388	.450	.517	.581							k_8	
0.7	k_7	.061	.066	.066	.061							k_7	0.7
	k_8	.407	.468	.532	.593							k_8	
0.75	k_7	.066	.070	.069								k_7	0.75
	k_8	.425	.485	.546								k_8	
0.8	k_7	.070	.073	.070								k_7	0.8
	k_8	.442	.500	.558								k_8	
0.85	k_7	.074	.076									k_7	0.85
	k_8	.458	.514									k_8	
0.9	k_7	.078	.078									k_7	0.9
	k_8	.473	.527									k_8	
0.95	k_7	.081										k_7	0.95
	k_8	.487										k_8	
1.0	k_7	.083										k_7	1.0
	k_8	.500										k_8	

Tabelle 24 E

n		m: 0	0.1	0.2	0.3	0.4	0.5	0.6	0.7	0.8	0.9		n
0	k_9	0	0	0	0	0	0	0	0	0	0	k_9	0
	k_{10}	0	0	0	0	0	0	0	0	0	0	k_{10}	
0.05	k_9	0.000	0.001	0.001	0.002	0.002	0.002	0.001	0.001	0.001	0.000	k_9	0.05
	k_{10}	.000	.001	.001	.001	.001	.002	.002	.001	.001	.001	k_{10}	
0.1	k_9	.001	.002	.003	.003	.003	.003	.003	.002	.001	.000	k_9	0.1
	k_{10}	.000	.001	.002	.003	.003	.003	.003	.003	.002	.001	k_{10}	
0.15	k_9	.002	.003	.004	.005	.005	.004	.004	.003	.002		k_9	0.15
	k_{10}	.001	.002	.003	.004	.005	.005	.005	.004	.003		k_{10}	
0.2	k_9	.003	.005	.006	.006	.006	.006	.005	.003	.002		k_9	0.2
	k_{10}	.002	.003	.005	.006	.006	.006	.006	.005	.003		k_{10}	
0.25	k_9	.004	.006	.008	.008	.008	.007	.005	.004			k_9	0.25
	k_{10}	.003	.004	.006	.007	.008	.008	.007	.005			k_{10}	
0.3	k_9	.006	.008	.009	.009	.009	.008	.006	.004			k_9	0.3
	k_{10}	.004	.006	.008	.009	.009	.009	.008	.006			k_{10}	
0.35	k_9	.007	.010	.015	.011	.010	.008	.006				k_9	0.35
	k_{10}	.005	.007	.009	.011	.011	.010	.009				k_{10}	
0.4	k_9	.009	.011	.012	.012	.011	.009	.006				k_9	0.4
	k_{10}	.006	.009	.011	.012	.012	.011	.009				k_{10}	
0.45	k_9	.011	.013	.014	.013	.012	.009					k_9	0.45
	k_{10}	.008	.011	.013	.014	.014	.012					k_{10}	
0.5	k_9	.013	.015	.015	.015	.012	.009					k_9	0.5
	k_{10}	.009	.012	.015	.015	.015	.013					k_{10}	
0.55	k_9	.015	.016	.017	.015	.013						k_9	0.55
	k_{10}	.011	.014	.016	.017	.016						k_{10}	

Tabelle 24 E (Fortsetzung)

n		m										n	
		0	0.1	0.2	0.3	0.4	0.5	0.6	0.7	0.8	0.9		
0.6	k_9	0.016	0.018	0.018	0.016	0.013						k_9	0.6
	k_{10}	.013	.016	.018	.018	.016						k_{10}	
0.65	k_9	0.18	.019	.019	.016							k_9	0.65
	k_{10}	.015	.018	.019	.019							k_{10}	
0.7	k_9	.020	.020	.019	.017							k_9	0.7
	k_{10}	.017	.019	.020	.020							k_{10}	
0.75	k_9	.021	.021	.020								k_9	0.75
	k_{10}	.018	.021	.022								k_{10}	
0.8	k_9	.022	.022	.020								k_9	0.8
	k_{10}	.020	.022	.022								k_{10}	
0.85	k_9	.024	.023									k_9	0.85
	k_{10}	.022	.024									k_{10}	
0.9	k_9	.025	.024									k_9	0.9
	k_{10}	.024	.025									k_{10}	
0.95	k_9	.025										k_9	0.95
	k_{10}	.025										k_{10}	
1.0	k_9	.026										k_9	1.0
	k_{10}	.026										k_{10}	

Belastungsfall 25 (zu Tab. 25 A–B)

Freie, doppelte symmetrisch angeordnete Dreiecks-Streckenlasten

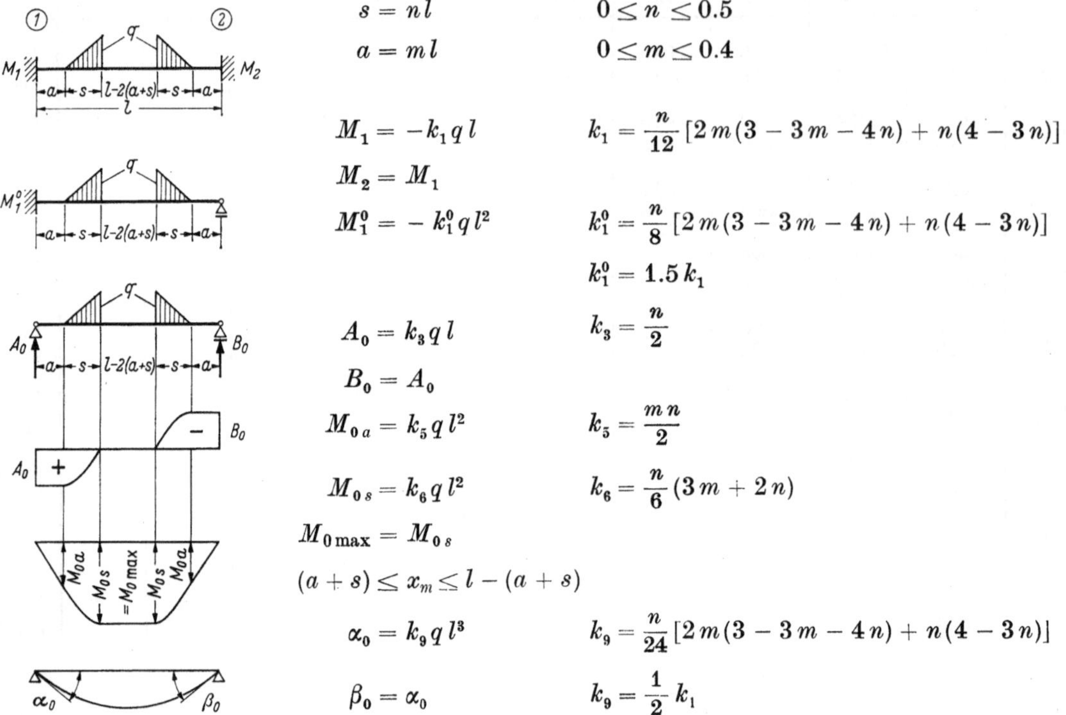

$s = n\,l \qquad 0 \le n \le 0.5$

$a = m\,l \qquad 0 \le m \le 0.4$

$M_1 = -k_1 q\,l \qquad k_1 = \frac{n}{12}[2m(3-3m-4n)+n(4-3n)]$

$M_2 = M_1$

$M_1^0 = -k_1^0 q\,l^2 \qquad k_1^0 = \frac{n}{8}[2m(3-3m-4n)+n(4-3n)]$

$k_1^0 = 1.5\,k_1$

$A_0 = k_3 q\,l \qquad k_3 = \frac{n}{2}$

$B_0 = A_0$

$M_{0a} = k_5 q\,l^2 \qquad k_5 = \frac{m\,n}{2}$

$M_{0s} = k_6 q\,l^2 \qquad k_6 = \frac{n}{6}(3m+2n)$

$M_{0\,\max} = M_{0s}$

$(a+s) \le x_m \le l-(a+s)$

$\alpha_0 = k_9 q\,l^3 \qquad k_9 = \frac{n}{24}[2m(3-3m-4n)+n(4-3n)]$

$\beta_0 = \alpha_0 \qquad k_9 = \frac{1}{2}k_1$

Für Werte k_1, k_1^0 und k_3: siehe Tab. 25 A

Für Werte k_5, k_6 und k_9: ,, Tab. 25 B

Tabelle 25 A

n		m = 0	0.05	0.1	0.15	0.2	0.25	0.3	0.35	0.4	0.45	0.5		n
0	k_1, k_1^0	0	0	0	0	0	0	0	0	0	0	0	k_1, k_1^0	0
0.05	k_1	0.001	0.002	0.003	0.004	0.004	0.005	0.006	0.006	0.006	0.006		k_1	0.05
	k_1^0	.001	.003	.004	.006	.007	.008	.008	.009	.009	.009		k_1^0	
0.1	k_1	.003	.005	.007	.008	.010	.011	.012	.012	.012			k_1	0.1
	k_1^0	.005	.008	.010	.013	.015	.016	.017	.018	.019			k_1^0	
0.15	k_1	.007	.009	.012	.014	.016	.017	.018	.018				k_1	0.15
	k_1^0	.010	.014	.018	.021	.023	.025	.027	.028				k_1^0	
0.2	k_1	.011	.015	.018	.020	.022	.023	.024					k_1	0.2
	k_1^0	.017	.022	.027	.030	.033	.035	.037					k_1^0	
0.25	k_1	.017	.021	.024	.027	.029	.030						k_1	0.25
	k_1^0	.025	.031	.036	.040	.043	.045						k_1^0	
0.3	k_1	.023	.027	.031	.033	.035							k_1	0.3
	k_1^0	.035	.041	.046	.049	.053							k_1^0	
0.35	k_1	.030	.034	.038	.040								k_1	0.35
	k_1^0	.045	.052	.057	.060								k_1^0	

Tabelle 25 A (Fortsetzung)

n		m												
		0	0.05	0.1	0.15	0.2	0.25	0.3	0.35	0.4	0.45	0.5		n
0.4	k_1	0.037	0.041	0.045									k_1	0.4
	k_1^0	.056	.062	.067									k_1^0	
0.45	k_1	.045	.049										k_1	0.45
	k_1^0	.067	.073										k_1^0	
0.5	k_1	.052											k_1	0.5
	k_1^0	.078											k_1^0	

n	0	0.05	0.1	0.15	0.2	0.25	0.3	0.35	0.4	0.45	0.5	n
k_3	0	0.025	0.050	0.075	0.100	0.125	0.150	0.175	0.200	0.225	0.250	k_3

Tabelle 25 B

n		m												
		0	0.05	0.1	0.15	0.2	0.25	0.3	0.35	0.4	0.45	0.5		n
0	k_5												k_5	0
	k_6	0	0	0	0	0	0	0	0	0	0	0	k_6	
	k_9												k_9	
0.05	k_5	0	0.001	0.003	0.004	0.005	0.006	0.008	0.009	0.010	0.011		k_5	0.05
	k_6	0.001	.002	.003	.005	.006	.007	.008	.010	.011	.012		k_6	
	k_9	.000	.001	.001	.002	.002	.003	.003	.003	.003	.003		k_9	
0.1	k_5	0	.003	.005	.008	.010	.013	.015	.018	.020			k_5	0.1
	k_6	.003	.006	.008	.011	.013	.016	.018	.021	.023			k_6	
	k_9	.002	.003	.003	.004	.005	.005	.006	.006	.006			k_9	
0.15	k_5	0	.004	.008	.011	.015	.019	.023	.026				k_5	0.15
	k_6	.008	.011	.015	.019	.023	.026	.030	.034				k_6	
	k_9	.003	.005	.006	.007	.008	.008	.009	.009				k_9	
0.2	k_5	0	.005	.010	.015	.020	.025	.030					k_5	0.2
	k_6	.013	.018	.023	.028	.033	.038	.043					k_6	
	k_9	.006	.007	.009	.010	.011	.012	.012					k_9	
0.25	k_5	0	.006	.013	.019	.025	.031						k_5	0.25
	k_6	.021	.027	.033	.040	.046	.052						k_6	
	k_9	.008	.010	.012	.013	.014	.015						k_9	
0.3	k_5	0	.008	.015	.023	.030							k_5	0.3
	k_6	.030	.038	.045	.053	.060							k_6	
	k_9	.012	.014	.015	.016	.018							k_9	
0.35	k_5	0	.009	.018	.026								k_5	0.35
	k_6	.041	.050	.058	.067								k_6	
	k_9	.015	.017	.019	.020								k_9	
0.4	k_5	0	.010	.020									k_5	0.4
	k_6	.053	.063	.073									k_6	
	k_9	.019	.021	.022									k_9	
0.45	k_5	0	.011										k_5	0.45
	k_6	.068	.079										k_6	
	k_9	.022	.024										k_9	
0.5	k_5	0											k_5	0.5
	k_6	.083											k_6	
	k_9	.026											k_9	

Belastungsfall 26 (zu Tab. 26 A–E)

Freie Streckenlast nach Parabel 2. Grades

$a = m\,l \qquad s = n\,l$

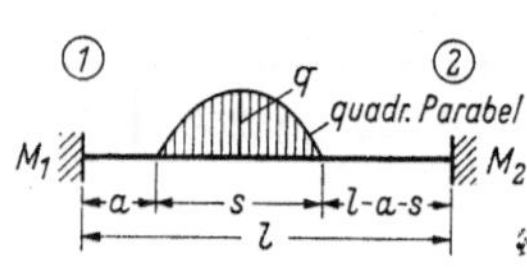

$M_1 = -k_1 q\, l^2 \qquad k_1 = \frac{1}{15}\{30\,k_5(m - m^2) + 15\,k_6 \times$
$\times [1 - 3\,n + 2\,n^2 - m(3 - 2\,m - 4\,n)] +$
$+ 30\,n\,k_3[n - n^2 + m(2 - 3\,m - 3\,n)] -$
$- n^3(6 - 9\,m - 7\,n)\}$

$M_2 = -k_2 q\, l^2 \qquad k_2 = \frac{1}{15}\{15\,k_5(2\,m^2 - m) + 30\,k_6 \times$
$\times [n - n^2 + m(1 - m - 2\,n)] +$
$+ 15\,n\,k_3[2\,n^2 - n - 2\,m(1 - 3\,m - 3\,n) +$
$+ n^3(3 - 9\,m - 7\,n)]\}$

$M_1^0 = -k_1^0 q\, l^2 \qquad k_1^0 = 3\,k_9$

$A_0 = k_3 q\, l \qquad k_3 = \frac{n}{3}(2 - 2\,m - n)$

$B_0 = k_4 q\, l \qquad k_4 = \frac{n}{3}(n + 2\,m)$

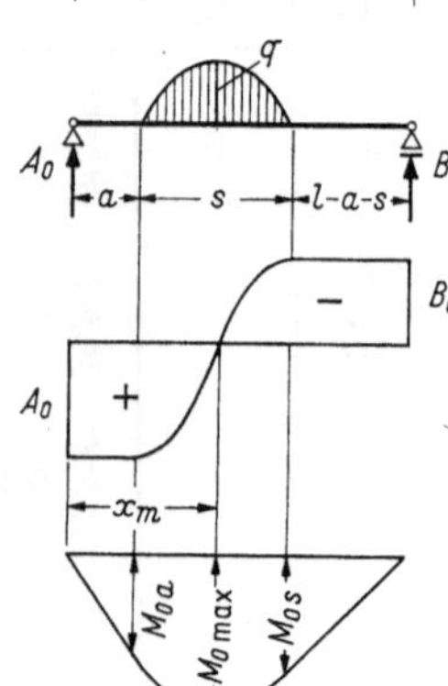

$M_{0\,a} = k_5 q\, l^2 \qquad k_5 = \frac{m\,n}{3}(2 - 2\,m - n) \qquad k_5 = m\,k_3$

$M_{0\,s} = k_6 q\, l^2 \qquad k_6 = \frac{n}{3}[n - n^2 + m(2 - 2\,m - 3\,n)]$
$k_6 = k_4(1 - m - n)$

$M_{0\,\max} = k_7 q\, l^2 \qquad k_7 = k_3\,k_8 - \frac{(k_8 - m)^3}{3\,n^2}(2\,n + m - k_8)$

$x_m = k_8\, l \qquad k_8 = m + \frac{n}{2} \times$
$\times \left\{1 - 2\cos\left[\frac{1}{3}\arccos(2\,m + n - 1) + 60°\right]\right\}$

$\alpha_0 = k\,q_9\, l^3 \qquad k_9 = \frac{1}{90}\{15\,k_5(3\,m - 2\,m^2) + 30\,k_6(1 - m - n)^2 +$
$+ 15\,k_3[6\,n(m - m^2) + n^2(3 - 6\,m - 2\,n)] -$
$- 9\,n^3(1 - m) + 7\,n^4\}$

$\beta_0 = k_{10} q\, l^3 \qquad k_{10} = \frac{1}{90}\{30\,k_5\,m^2 + 15\,k_6[1 + n - 2\,n^2 +$
$+ m(1 - 2\,m - 4\,n] + 30\,k_3(n^3 + 3\,m\,n^2 +$
$+ 3\,m^2\,n) - 9\,m\,n^3 - 7\,n^4\}$

Für Werte k_1, k_2 und k_1^0: siehe Tab. 26 A
,, ,, k_3 und k_4: ,, Tab. 26 B
,, ,, k_5 und k_6: ,, Tab. 26 C
,, ,, k_7 und k_8: ,, Tab. 26 D
,, ,, k_9 und k_{10}: ,, Tab. 26 E

Tabelle 26 A

n		m = 0	0.1	0.2	0.3	0.4	0.5	0.6	0.7	0.8	0.9	1.0		n
0	k_1, k_2, k_1^0	0	0	0	0	0	0	0	0	0	0	0	k_1, k_2, k_1^0	0
	k_1	0.001	0.003	0.005	0.005	0.005	0.004	0.003	0.002	0.001	0.000		k_1	
0.05	k_2	.000	.000	.001	.002	.003	.004	.005	.005	.004	.002		k_2	0.05
	k_1^0	.001	.003	.005	.006	.006	.006	.005	.004	.003	.001		k_1^0	
	k_1	.003	.007	.009	.010	.009	.007	.005	.003	.001	.000		k_1	
0.1	k_2	.000	.001	.003	.005	.007	.009	.010	.009	.007	.003		k_2	0.1
	k_1^0	.003	.008	.011	.012	.013	.012	.010	.008	.005	.002		k_1^0	
	k_1	.006	.012	.014	.015	.013	.010	.007	.004	.001			k_1	
0.15	k_2	.001	.003	.006	.009	.012	.014	.015	.013	.009			k_2	0.15
	k_1^0	.007	.013	.017	.019	.019	.017	.014	.011	.006			k_1^0	
	k_1	.010	.017	.019	.019	.017	.013	.008	.004	.001			k_1	
0.2	k_2	.001	.004	.008	.013	.017	.019	.019	.017	.010			k_2	0.2
	k_1^0	.011	.019	.024	.025	.025	.022	.018	.013	.007			k_1^0	
	k_1	.015	.022	.024	.023	.020	.015	.009	.004				k_1	
0.25	k_2	.003	.007	.012	.017	.022	.024	.023	.019				k_2	0.25
	k_1^0	.016	.025	.030	.032	.030	.027	.021	.014				k_1^0	
	k_1	.020	.027	.029	.027	.022	.016	.010	.004				k_1	
0.3	k_2	.004	.010	.016	.022	.027	.029	.027	.020				k_2	0.3
	k_1^0	.022	.032	.037	.038	.035	.030	.023	.014				k_1^0	
	k_1	.026	.032	.033	.030	.024	.017	.010					k_1	
0.35	k_2	.007	.013	.020	.027	.032	.033	.030					k_2	0.35
	k_1^0	.029	.039	.043	.043	.040	.033	.024					k_1^0	
	k_1	.031	.037	.037	.032	.025	.017	.009					k_1	
0.4	k_2	.009	.017	.025	.032	.037	.037	.031					k_2	0.4
	k_1^0	.036	.045	.049	.048	.044	.035	.025					k_1^0	
	k_1	.037	.041	.040	.034	.026	.017						k_1	
0.45	k_2	.013	.021	.030	.038	.041	.040						k_2	0.45
	k_1^0	.043	.052	.055	.053	.047	.037						k_1^0	
	k_1	.042	.045	.043	.036	.026	.017						k_1	
0.5	k_2	.017	.026	.036	.043	.045	.042						k_2	0.5
	k_1^0	.050	.059	.061	.057	.049	.038						k_1^0	
	k_1	.046	.049	.045	.037	.026							k_1	
0.55	k_2	.021	.032	.041	.048	.049							k_2	0.55
	k_1^0	.057	.065	.065	.060	.051							k_1^0	
	k_1	.051	.052	.046	.037	.026							k_1	
0.6	k_2	.026	.037	.046	.052	.051							k_2	0.6
	k_1^0	.064	.070	.070	.063	.051							k_1^0	
	k_1	.055	.054	.047	.037								k_1	
0.65	k_2	.031	.042	.051	.055								k_2	0.65
	k_1^0	.070	.076	.073	.065								k_1^0	
	k_1	.058	.056	.048	.037								k_1	
0.7	k_2	.037	.048	.056	.058								k_2	0.7
	k_1^0	.076	.080	.076	.066								k_1^0	
	k_1	.061	.057	.048									k_1	
0.75	k_2	.042	.053	.060									k_2	0.75
	k_1^0	.082	.084	.078									k_1^0	
	k_1	.063	.058	.048									k_1	
0.8	k_2	.048	.058	.063									k_2	0.8
	k_1^0	.087	.087	.079									k_1^0	

Tabelle 26 A (Fortsetzung)

n		m = 0	0.1	0.2	0.3	0.4	0.5	0.6	0.7	0.8	0.9	1.0		n
0.85	k_1	0.065	0.058										k_1	0.85
	k_2	.053	.062										k_2	
	k_1^0	.091	.090										k_1^0	
0.9	k_1	.066	.058										k_1	0.9
	k_2	.058	.066										k_2	
	k_1^0	.095	.091										k_1^0	
0.95	k_1	.066											k_1	0.95
	k_2	.063											k_2	
	k_1^0	.098											k_1^0	
1.0	k_1	.067											k_1	1.0
	k_2	.067											k_2	
	k_1^0	.100											k_1^0	

Tabelle 26 B

n		m = 0	0.1	0.2	0.3	0.4	0.5	0.6	0.7	0.8	0.9	1.0		n
0	k_3	0	0	0	0	0	0	0	0	0	0	0	k_3	0
	k_4	0	0	0	0	0	0	0	0	0	0	0	k_4	
0.05	k_3	0.033	0.029	0.026	0.023	0.019	0.016	0.013	0.009	0.006	0.003		k_3	0.05
	k_4	.001	.004	.008	.011	.014	.018	.021	.024	.028	.031		k_4	
0.1	k_3	.063	.057	.050	.043	.037	.030	.023	.017	.010	.003		k_3	0.1
	k_4	.003	.010	.017	.023	.030	.037	.043	.050	.057	.063		k_4	
0.15	k_3	.093	.083	.073	.063	.053	.043	.033	.023	.013			k_3	0.15
	k_4	.008	.018	.028	.038	.048	.058	.068	.078	.088			k_4	
0.2	k_3	.120	.107	.093	.080	.067	.053	.040	.027	.013			k_3	0.2
	k_4	.013	.027	.040	.053	.067	.080	.093	.107	.120			k_4	
0.25	k_3	.146	.129	.113	.096	.079	.063	.046	.029				k_3	0.25
	k_4	.021	.038	.054	.071	.088	.104	.121	.138				k_4	
0.3	k_3	.170	.150	.130	.110	.090	.070	.050	.030				k_3	0.3
	k_4	.030	.050	.070	.090	.110	.130	.150	.170				k_4	
0.35	k_3	.193	.169	.146	.122	.099	.076	.053					k_3	0.35
	k_4	.041	.064	.088	.111	.134	.157	.181					k_4	
0.4	k_3	.213	.187	.160	.133	.107	.080	.053					k_3	0.4
	k_4	.053	.080	.107	.133	.160	.187	.213					k_4	
0.45	k_3	.233	.203	.173	.143	.113	.083						k_3	0.45
	k_4	.068	.098	.128	.158	.188	.218						k_4	
0.5	k_3	.250	.217	.183	.150	.117	.083						k_3	0.5
	k_4	.083	.117	.150	.183	.217	.250						k_4	
0.55	k_3	.266	.229	.193	.156	.119							k_3	0.55
	k_4	.101	.138	.174	.211	.248							k_4	
0.6	k_3	.280	.240	.200	.160	.120							k_3	0.6
	k_4	.120	.160	.200	.240	.280							k_4	

Tabelle 26 B (Fortsetzung)

n		m												
		0	0.1	0.2	0.3	0.4	0.5	0.6	0.7	0.8	0.9	1.0		n
0.65	k_3	.292	.249	.206	.163								k_3	0.65
	k_4	.141	.184	.227	.271								k_4	
0.7	k_3	.303	.257	.210	.163								k_3	0.7
	k_4	.163	.210	.257	.303								k_4	
0.75	k_3	.313	.263	.213									k_3	0.75
	k_4	.188	.238	.288									k_4	
0.8	k_3	.320	.267	.213									k_3	0.8
	k_4	.213	.267	.320									k_4	
0.85	k_3	.326	.269										k_3	0.85
	k_4	.241	.298										k_4	
0.9	k_3	.330	.270										k_3	0.9
	k_4	.270	.330										k_4	
0.95	k_3	.332											k_3	0.95
	k_4	.301											k_4	
1.0	k_3	.333											k_3	1.0
	k_4	.333											k_4	

Tabelle 26 C

n		m												
		0	0.1	0.2	0.3	0.4	0.5	0.6	0.7	0.8	0.9	1.0		n
0	k_5 k_6	0	0	0	0	0	0	0	0	0	0	0	k_5 k_6	0
0.05	k_5	0	0.003	0.005	0.007	0.008	0.008	0.008	0.006	0.005	0.002		k_5	0.05
	k_6	0.001	.004	.006	.007	.008	.008	.007	.006	.004	.002		k_6	
0.1	k_5	0	.006	.010	.013	.015	.015	.014	.012	.008	.003		k_5	0.1
	k_6	0.003	.008	.012	.014	.015	.015	.013	.010	.006	0		k_6	
0.15	k_5	0	.008	.015	.019	.021	.021	.020	.016	.010			k_5	0.15
	k_6	0.006	.013	.018	.021	.021	.020	.017	.012	.004			k_6	
0.2	k_5	0	.011	.019	.024	.027	.027	.024	.019	.011			k_5	0.2
	k_6	0.011	.019	.024	.027	.027	.024	.019	.011	0			k_6	
0.25	k_5	0	.013	.023	.029	.032	.031	.028	.020				k_5	0.25
	k_6	0.016	.024	.030	.032	.031	.026	.018	.007				k_6	
0.3	k_5	0	.015	.026	.033	.036	.035	.030	.021				k_5	0.3
	k_6	0.021	.030	.035	.036	.033	.026	.015	0				k_6	
0.35	k_5	0	.017	.029	.037	.040	.038	.032					k_5	0.35
	k_6	0.027	.035	.039	.039	.034	.024	.009					k_6	
0.4	k_5	0	.019	.032	.040	.043	.040	.032					k_6	0.4
	k_6	0.032	.040	.043	.040	.032	.019	0					k_7	
0.45	k_5	0	.020	.035	.043	.045	.041						k_5	0.45
	k_6	0.037	.044	.045	.039	.028	.011						k_6	
0.5	k_5	0	.022	.037	.045	.047	.042						k_5	0.5
	k_6	0.042	.047	.045	.037	.022	0						k_6	

Tabelle 26C (Fortsetzung)

n		m = 0	0,1	0.2	0.3	0.4	0.5	0.6	0.7	0.8	0.9	1.0		n
0.55	k_5	0	.023	.039	.047	.048							k_5	0.55
	k_6	0.045	.048	.044	.032	.012							k_6	
0.6	k_5	0	.024	.040	.048	.048							k_5	0.6
	k_6	0.048	.048	.040	.024	0							k_6	
0.65	k_5	0	.025	.041	.049								k_5	0.65
	k_6	0.049	.046	.034	.014								k_6	
0.7	k_5	0	.026	.042	.049								k_5	0.7
	k_6	0.049	.042	.026	0								k_6	
0.75	k_5	0	.026	.043									k_5	0.75
	k_6	0.047	.036	.014									k_6	
0.8	k_5	0	.027	.043									k_5	0.8
	k_6	0.043	.027	0									k_6	
0.85	k_5	0	.027										k_5	0.85
	k_6	0.036	.015										k_6	
0.9	k_5	0	.027										k_5	0.9
	k_6	0.027	0										k_6	
0.95	k_5	0											k_5	0.95
	k_6	0.015											k_6	
1.0	k_5	0											k_5	1.0
	k_6	0											k_6	

Tabelle 26 D

n		m = 0	0.1	0.2	0.3	0.4	0.5	0.6	0.7	0.8	0.9	1.0		n
0	k_7	0	0	0	0	0	0	0	0	0	0	0	k_7	0
	k_8	—	—	—	—	—	—	—	—	—	—	—	k_8	
0.05	k_7	0.001	0.004	0.006	0.007	0.008	0.008	0.008	0.007	0.005	0.002		k_7	0.05
	k_8	.045	.139	.235	.331	.428	.524	.621	.717	.813	.908		k_8	
0.1	k_7	.003	.008	.012	.015	.016	.016	.015	.012	.008	.003		k_7	0.1
	k_8	.086	.176	.267	.360	.453	.547	.640	.733	.824	.914		k_8	
0.15	k_7	.006	.014	.019	.022	.024	.023	.021	.016	.010			k_7	0.15
	k_8	.125	.208	.298	.388	.478	.567	.657	.746	.833			k_8	
0.2	k_7	.011	.020	.026	.030	.031	.030	.026	.020	.011			k_7	0.2
	k_8	.161	.243	.327	.413	.500	.587	.673	.757	.839			k_8	
0.25	k_7	.016	.026	.033	.037	.038	.035	.030	.022				k_7	0.25
	k_8	.195	.273	.355	.438	.521	.604	.686	.767				k_8	
0.3	k_7	.022	.033	.040	.044	.044	.040	.033	.022				k_7	0.3
	k_8	.227	.302	.380	.460	.540	.620	.698	.773				k_8	
0.35	k_7	.029	.040	.047	.051	.050	.044	.035					k_7	0.35
	k_8	.257	.329	.404	.481	.557	.633	.707					k_8	
0.4	k_7	.036	.047	.054	.057	.054	.047	.036					k_7	0.4
	k_8	.285	.355	.427	.500	.573	.645	.715					k_8	

Tabelle 26 D (Fortsetzung)

n		m 0	0.1	0.2	0.3	0.4	0.5	0.6	0.7	0.8	0.9	1.0		n
0.45	k_7	0.043	0.055	0.061	0.062	0.058	0.049						k_7	0.45
	k_8	.312	.379	.448	.517	.587	.655						k_8	
0.5	k_7	.050	.061	.067	.067	.061	.050						k_7	0.5
	k_8	.337	.401	.467	.533	.599	.663						k_8	
0.55	k_7	.058	.068	.073	.071	.064							k_7	0.55
	k_8	.360	.421	.484	.547	.610							k_8	
0.6	k_7	.065	.074	.078	.074	.065							k_7	0.6
	k_8	.382	.440	.500	.560	.618							k_8	
0.65	k_7	.072	.080	.082	.077								k_7	0.65
	k_8	.402	.458	.514	.570								k_8	
0.7	k_7	.078	.085	.085	.078								k_7	0.7
	k_8	.421	.473	.527	.579								k_8	
0.75	k_7	.084	.090	.088									k_7	0.75
	k_8	.438	.487	.537									k_8	
0.8	k_7	.086	.093	.089									k_7	0.8
	k_8	.454	.500	.546									k_8	
0.85	k_7	.094	.096										k_7	0.85
	k_8	.468	.511										k_8	
0.9	k_7	.098	.098										k_7	0.9
	k_8	.480	.520										k_8	
0.95	k_7	.102											k_7	0.95
	k_8	.491											k_8	
1.0	k_7	.104											k_7	1.0
	k_8	.500											k_8	

Tabelle 26 E

n		m 0	0.1	0.2	0.3	0.4	0.5	0.6	0.7	0.8	0.9	1.0		n
0	k_9 k_{10}	0	0	0	0	0	0	0	0	0	0	0	k_9 k_{10}	0
0.05	k_9	0.000	0.001	0.002	0.002	0.002	0.002	0.002	0.001	0.001	0.000		k_9	0.05
	k_{10}	.000	.001	.001	.002	.002	.002	.002	.002	.001	.001		k_{10}	
0.1	k_9	.001	.003	.004	.004	.004	.004	.003	.003	.002	.001		k_9	0.1
	k_{10}	.001	.002	.003	.003	.004	.004	.004	.004	.003	.001		k_{10}	
0.15	k_9	.002	.004	.006	.006	.006	.006	.005	.004	.002			k_9	0.15
	k_{10}	.001	.003	.004	.005	.006	.006	.006	.005	.003			k_{10}	
0.2	k_9	.004	.006	.008	.008	.008	.007	.006	.004	.002			k_9	0.2
	k_{10}	.002	.004	.006	.007	.008	.008	.008	.006	.004			k_{10}	
0.25	k_9	.005	.008	.010	.011	.010	.009	.007	.005				k_9	0.25
	k_{10}	.003	.006	.008	.010	.010	.010	.009	.007				k_{10}	
0.3	k_9	.007	.011	.012	.013	.012	.010	.008	.005				k_9	0.3
	k_{10}	.005	.008	.010	.012	.013	.012	.011	.007				k_{10}	

Tabelle 26 E (Fortsetzung)

n		m 0	0.1	0.2	0.3	0.4	0.5	0.6	0.7	0.8	0.9	1.0		n
0.35	k_9	0.010	0.013	0.014	0.014	0.013	0.011	0.008					k_9	0.35
	k_{10}	.006	.010	.012	.014	.015	.014	.011					k_{10}	
0.4	k_9	.012	.015	.016	.016	.015	.012	.008					k_9	0.4
	k_{10}	.008	.012	.015	.016	.016	.015	.012					k_{10}	
0.45	k_9	.014	.017	.018	.018	.016	.012						k_9	0.45
	k_{10}	.010	.014	.017	.018	.018	.016						k_{10}	
0.5	k_9	.017	.020	.020	.019	.016	.013						k_9	0.5
	k_{10}	.013	.016	.019	.020	.020	.017						k_{10}	
0.55	k_9	.019	.022	.022	.020	.017							k_9	0.55
	k_{10}	.015	.019	.021	.022	.021							k_{10}	
0.6	k_9	.021	.023	.023	.021	.017							k_9	0.6
	k_{10}	.017	.021	.023	.023	.021							k_{10}	
0.65	k_9	.023	.025	.024	.022								k_9	0.65
	k_{10}	.020	.023	.025	.025								k_{10}	
0.7	k_9	.025	.027	.025	.022								k_9	0.7
	k_{10}	.022	.025	.027	.025								k_{10}	
0.75	k_9	.027	.028	.026									k_9	0.75
	k_{10}	.024	.027	.028									k_{10}	
0.8	k_9	.029	.029	.026									k_9	0.8
	k_{10}	.026	.029	.029									k_{10}	
0.85	k_9	.030	.030										k_9	0.85
	k_{10}	.029	.031										k_{10}	
0.9	k_9	.032	.030										k_9	0.9
	k_{10}	.030	.032										k_{10}	
0.95	k_9	.033											k_9	0.95
	k_{10}	.032											k_{10}	
1.0	k_9	.033											k_9	1.0
	k_{10}	.033											k_{10}	

Belastungsfall 27 (zu Tab. 27)

Einzellast in beliebiger Stellung

$$a = m\,l$$

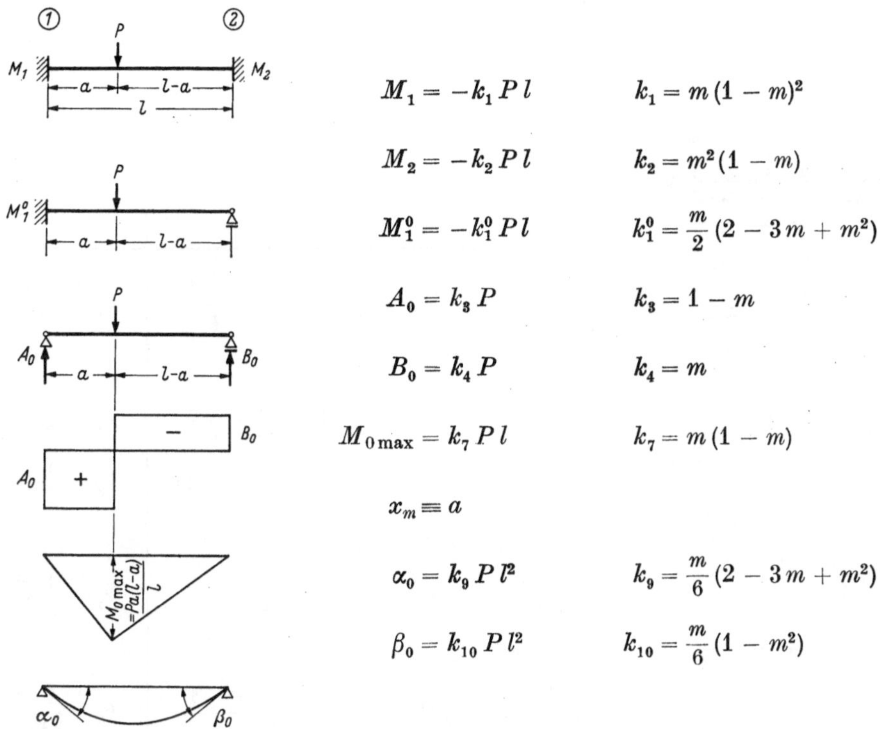

$$M_1 = -k_1\,P\,l \qquad k_1 = m\,(1-m)^2$$

$$M_2 = -k_2\,P\,l \qquad k_2 = m^2\,(1-m)$$

$$M_1^0 = -k_1^0\,P\,l \qquad k_1^0 = \frac{m}{2}\,(2 - 3\,m + m^2)$$

$$A_0 = k_3\,P \qquad k_3 = 1 - m$$

$$B_0 = k_4\,P \qquad k_4 = m$$

$$M_{0\,\max} = k_7\,P\,l \qquad k_7 = m\,(1-m)$$

$$x_m \equiv a$$

$$\alpha_0 = k_9\,P\,l^2 \qquad k_9 = \frac{m}{6}\,(2 - 3\,m + m^2)$$

$$\beta_0 = k_{10}\,P\,l^2 \qquad k_{10} = \frac{m}{6}\,(1 - m^2)$$

Tabelle 27

m	k_1	k_2	k_1^0	k_3	k_4	k_7	k_9	k_{10}	m
0	0	0	0	1.00	0	0	0	0	0
0.05	0.045	0.002	0.046	0.95	0.05	0.048	0.015	0.008	0.05
0.1	.081	.009	.086	.90	.10	.090	.029	.017	0.1
0.15	.108	.019	.118	.85	.15	.128	.039	.024	0.15
0.2	.128	.032	.144	.80	.20	.160	.048	.032	0.2
0.25	.141	.047	.164	.75	.25	.188	.055	.039	0.25
0.3	.147	.063	.179	.70	.30	.210	.060	.046	0.3
0.35	.148	.080	.188	.65	.35	.228	.063	.051	0.35
0.4	.144	.096	.192	.60	.40	.240	.064	.056	0.4
0.45	.136	.111	.192	.55	.45	.248	.064	.042	0.45
0.5	.125	.125	.188	.50	.50	.250	.063	.063	0.5
0.55	.111	.136	.179	.45	.55	.248	.060	.064	0.55
0.6	.096	.144	.168	.40	.60	.240	.056	.064	0.6
0.65	.080	.148	.154	.35	.65	.228	.051	.063	0.65
0.7	.063	.147	.137	.30	.70	.210	.046	.060	0.7
0.75	.047	.141	.117	.25	.75	.188	.039	.055	0.75
0.8	.032	.128	.096	.20	.80	.160	.032	.048	0.8
0.85	.019	.108	.073	.15	.85	.128	.024	.039	0.85
0.9	.009	.081	.050	.10	.90	.090	.017	.029	0.9
0.95	.002	.045	.025	.05	.95	.048	.008	.015	0.95
1.0	0.000	0.000	0.000	0.000	1.00	0.000	0.000	0.000	1.00

Belastungsfall 28 (zu Tab. 28)

Mehrere symmetrisch angeordnete Einzellasten, welche die Spannweite in r gleiche Abstände teilen.

$$a = \frac{l}{r}$$

Es sind stets $(r - 1)$ Lasten P vorhanden.

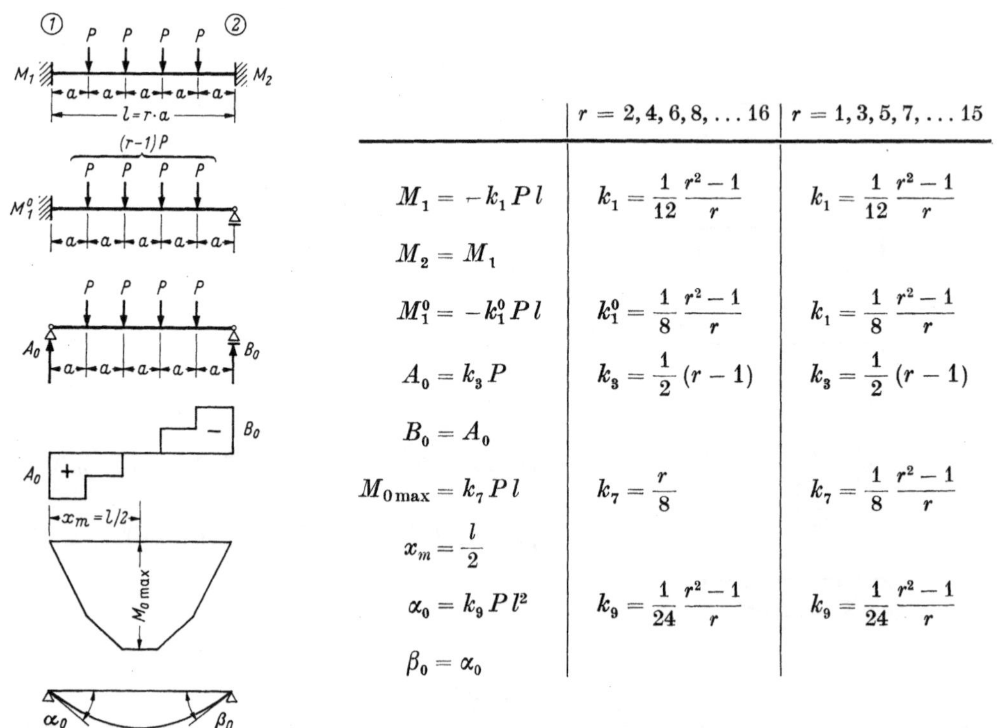

	$r = 2, 4, 6, 8, \ldots 16$	$r = 1, 3, 5, 7, \ldots 15$
$M_1 = -k_1 P l$	$k_1 = \frac{1}{12} \frac{r^2 - 1}{r}$	$k_1 = \frac{1}{12} \frac{r^2 - 1}{r}$
$M_2 = M_1$		
$M_1^0 = -k_1^0 P l$	$k_1^0 = \frac{1}{8} \frac{r^2 - 1}{r}$	$k_1 = \frac{1}{8} \frac{r^2 - 1}{r}$
$A_0 = k_3 P$	$k_3 = \frac{1}{2}(r - 1)$	$k_3 = \frac{1}{2}(r - 1)$
$B_0 = A_0$		
$M_{0\,\max} = k_7 P l$	$k_7 = \frac{r}{8}$	$k_7 = \frac{1}{8} \frac{r^2 - 1}{r}$
$x_m = \frac{l}{2}$		
$\alpha_0 = k_9 P l^2$	$k_9 = \frac{1}{24} \frac{r^2 - 1}{r}$	$k_9 = \frac{1}{24} \frac{r^2 - 1}{r}$
$\beta_0 = \alpha_0$		

Tabelle 28

r	k_1	k_1^0	k_3	k_7	k_9
1	0	0	0	0	0
2	0.125	0.188	0.500	0.250	0.061
3	0.222	0.333	1.000	0.333	0.111
4	0.313	0.469	1.500	0.500	0.156
5	0.400	0.600	2.000	0.600	0.200
6	0.486	0.729	2.500	0.750	0.243
7	0.571	0.857	3.000	0.857	0.286
8	0.656	0.984	3.500	1.000	0.328
9	0.741	1.111	4.000	1.111	0.370
10	0.825	1.238	4.500	1.250	0.413
11	0.909	1.364	5.000	1.364	0.455
12	0.993	1.490	5.500	1.500	0.497
13	1.077	1.615	6.000	1.615	0.538
14	1.161	1.741	6.500	1.750	0.580
15	1.244	1.867	7.000	1.867	0.622
16	1.328	1.992	7.500	2.000	0,664

Belastungsfall 29 (zu Tab. 29)

Mehrere, symmetrische Einzellasten P, untereinander im Abstand a, wobei die erste und letzte Last im Abstand $a/2$ vom Auflager liegt.

$$l = r\,a$$

Es sind r Lasten vorhanden.

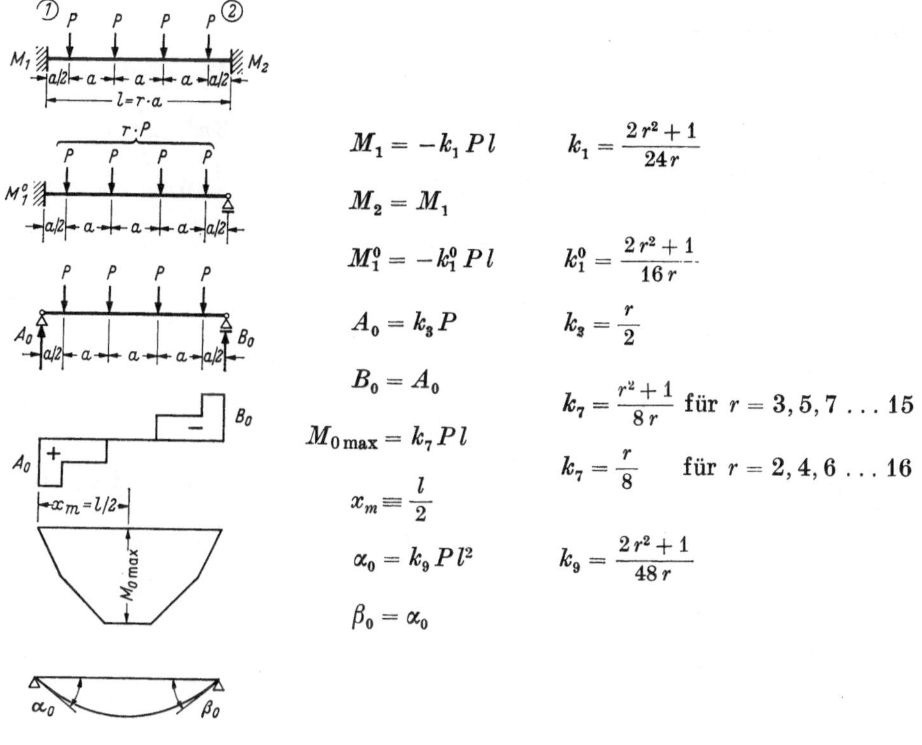

$$M_1 = -k_1\,P\,l \qquad k_1 = \frac{2\,r^2+1}{24\,r}$$

$$M_2 = M_1$$

$$M_1^0 = -k_1^0\,P\,l \qquad k_1^0 = \frac{2\,r^2+1}{16\,r}$$

$$A_0 = k_3\,P \qquad k_3 = \frac{r}{2}$$

$$B_0 = A_0 \qquad k_7 = \frac{r^2+1}{8\,r} \text{ für } r = 3, 5, 7 \ldots 15$$

$$M_{0\,\max} = k_7\,P\,l \qquad k_7 = \frac{r}{8} \text{ für } r = 2, 4, 6 \ldots 16$$

$$x_m = \frac{l}{2}$$

$$\alpha_0 = k_9\,P\,l^2 \qquad k_9 = \frac{2\,r^2+1}{48\,r}$$

$$\beta_0 = \alpha_0$$

$r = 3, 5, 7, 9 \ldots\; k_7 = \frac{r^2+1}{8\,r}$ $\qquad$ $r = 2, 4, 6, 8 \ldots\; k_7 = \frac{r}{8}$

Tabelle 29

r	k_1	k_1^0	k_3	k_7	k_9
1	0.125	0.188	0.500	0.250	0.063
2	0.188	0.281	1.000	0.250	0.094
3	0.264	0.396	1.500	0.417	0.132
4	0.344	0.516	2.000	0.500	0.172
5	0.425	0.638	2.500	0.650	0.213
6	0.507	0.760	3.000	0.750	0.253
7	0.589	0.884	3.500	0.893	0.295
8	0.672	1.008	4.000	1.000	0.336
9	0.755	1.132	4.500	1.139	0.377
10	0.838	1.256	5.000	1.250	0.419
11	0.920	1.381	5.500	1.386	0.460
12	1.003	1.505	6.000	1.500	0.502
13	1.087	1.630	6.500	1.635	0.543
14	1.170	1.754	7.000	1.750	0.585
15	1.253	1.879	7.500	1.883	0.626
16	1.336	2.004	8.000	2.000	0.668

Belastungsfall 30 (zu Tab. 30)

Angriff eines reinen Momentes

M ist im gezeichneten Sinn positiv

$$a = n\,l$$

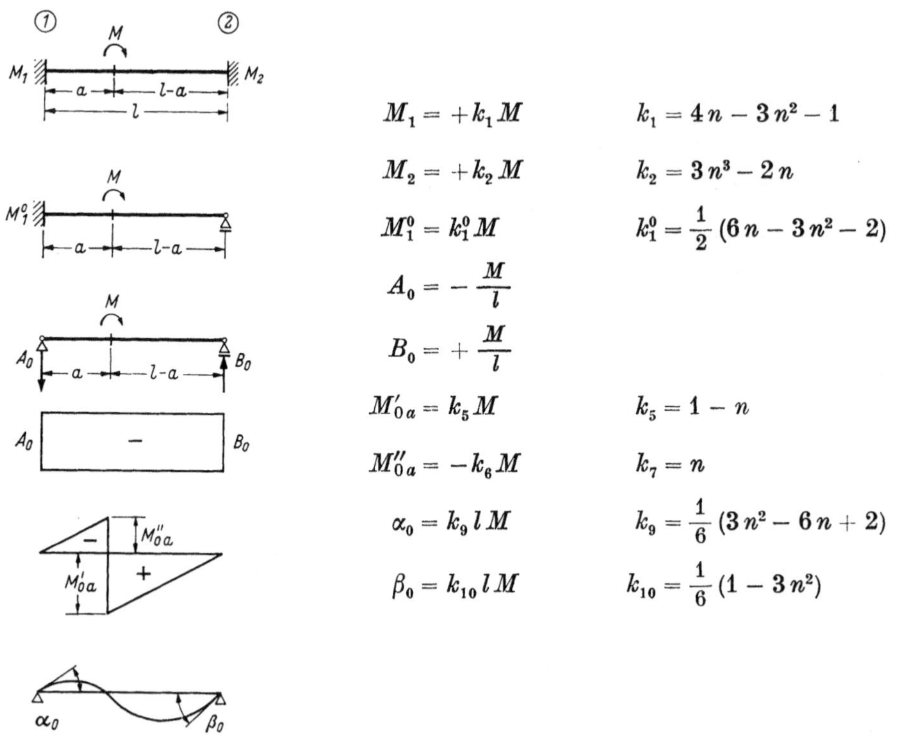

$$M_1 = +k_1 M \qquad k_1 = 4n - 3n^2 - 1$$

$$M_2 = +k_2 M \qquad k_2 = 3n^3 - 2n$$

$$M_1^0 = k_1^0 M \qquad k_1^0 = \frac{1}{2}(6n - 3n^2 - 2)$$

$$A_0 = -\frac{M}{l}$$

$$B_0 = +\frac{M}{l}$$

$$M'_{0a} = k_5 M \qquad k_5 = 1 - n$$

$$M''_{0a} = -k_6 M \qquad k_7 = n$$

$$\alpha_0 = k_9\, l\, M \qquad k_9 = \frac{1}{6}(3n^2 - 6n + 2)$$

$$\beta_0 = k_{10}\, l\, M \qquad k_{10} = \frac{1}{6}(1 - 3n^2)$$

Tabelle 30

n	k_1	k_2	k_1^0	k_5	k_6	k_9	k_{10}	n
0.00	−1.000	0	−1.000	1.000	0	+0.333	+0.167	0.00
0.05	−0.808	−0.093	−0.854	0.950	0.050	+0.285	+0.165	0.05
0.10	−0.630	−0.170	−0.715	.900	.100	+0.238	+0.162	0.10
0.15	−0.468	−0.233	−0.584	.850	.150	+0.195	+0.155	0.15
0.20	−0.320	−0.280	−0.460	.800	.200	+0.153	+0.147	0.20
0.25	−0.188	−0.313	−0.344	.750	.250	+0.115	+0.135	0.25
0.30	−0.070	−0.330	−0.235	.700	.300	+0.078	+0.122	0.30
0.35	+0.033	−0.333	−0.134	.650	.350	+0.045	+0.105	0.35
0.40	+0.120	−0.320	−0.040	.600	.400	+0.013	+0.087	0.40
0.45	+0.193	−0.293	+0.046	.550	.450	−0.015	+0.065	0.45
0.50	+0.250	−0.250	+0.125	500	.500	−0.042	+0.042	0.50
0.55	+0.293	−0.193	+0.196	.450	.550	−0.065	+0.015	0.55
0.60	+0.320	−0.120	+0.260	.400	.600	−0.087	−0.013	0.60
0.65	+0.333	−0.033	+0.316	.350	.650	−0.105	−0.045	0.65
0.70	+0.330	+0.070	+0.365	.300	.700	−0.122	−0.078	0.70
0.75	+0.313	+0.188	+0.406	.250	.750	−0.135	−0.115	0.75
0.80	+0.280	+0.320	+0.440	.200	.800	−0.147	−0.153	0.80
0.85	+0.233	+.0468	+0.466	.150	.850	−0.155	−0.195	0.85
0.90	+0.170	+0.630	+0 485	.100	.900	−0.162	−0.238	0.90
0.95	+0.093	+0.808	+0.496	.050	.950	−0.165	−0.285	0.95
1.00	+0.000	+1.000	+0.500	0.000	1.000	−0.167	−0.333	1.00

Belastungsfall 31 (zu Tab. 31)

$(r-1)$ gleich große Momente in regelmäßigen Abständen untereinander wie auch von den Auflagern

$l = ra$

i = Ordnungszahl der angreifenden Momente

Positive Momente drehen im Uhrzeigersinn

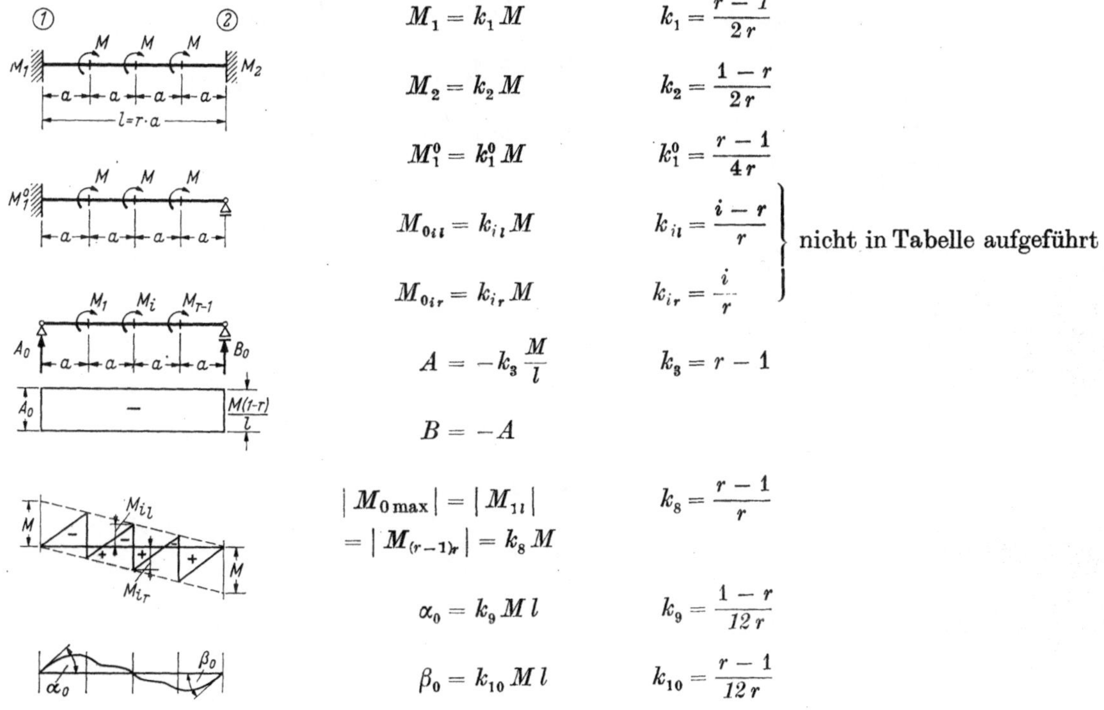

$$M_1 = k_1 M \qquad k_1 = \frac{r-1}{2r}$$

$$M_2 = k_2 M \qquad k_2 = \frac{1-r}{2r}$$

$$M_1^0 = k_1^0 M \qquad k_1^0 = \frac{r-1}{4r}$$

$$M_{0il} = k_{il} M \qquad k_{il} = \frac{i-r}{r}$$

$$M_{0ir} = k_{ir} M \qquad k_{ir} = \frac{i}{r}$$

(k_{il}, k_{ir}: nicht in Tabelle aufgeführt)

$$A = -k_3 \frac{M}{l} \qquad k_3 = r - 1$$

$$B = -A$$

$$|M_{0\,\max}| = |M_{1l}| = |M_{(r-1)r}| = k_8 M \qquad k_8 = \frac{r-1}{r}$$

$$\alpha_0 = k_9 M l \qquad k_9 = \frac{1-r}{12r}$$

$$\beta_0 = k_{10} M l \qquad k_{10} = \frac{r-1}{12r}$$

Tabelle 31

r	k_1	k_2	k_1^0	k_3	k_8	k_9	k_{10}	r
1	0	0	0	0	0	0	0	1
2	0.250	−0.250	0.125	1.0	0.500	−0.042	0.042	2
3	0.333	−0.333	0.167	2.0	0.667	−0.056	0.056	3
4	0.375	−0.375	0.188	3.0	0.750	−0.063	0.063	4
5	0.400	−0.400	0.200	4.0	0.800	−0.067	0.067	5
6	0.417	−0.417	0.208	5.0	0.833	−0.069	0.069	6
7	0.429	−0.429	0.214	6.0	0.857	−0.071	0.071	7
8	0.438	−0.438	0.219	7.0	0.875	−0.073	0.073	8
9	0.444	−0.444	0.222	8.0	0.889	−0.074	0.074	9
10	0.450	−0.450	0.225	9.0	0.900	−0.075	0.075	10

Belastungsfall 32 (zu Tab. 32)

Angriff von r gleichen Momenten M, die voneinander den gleichen Abstand a halten und deren erstes und letztes im Abstand $a/2$ von den Auflagern liegen.

Positive Momente drehen im Uhrzeigersinn!

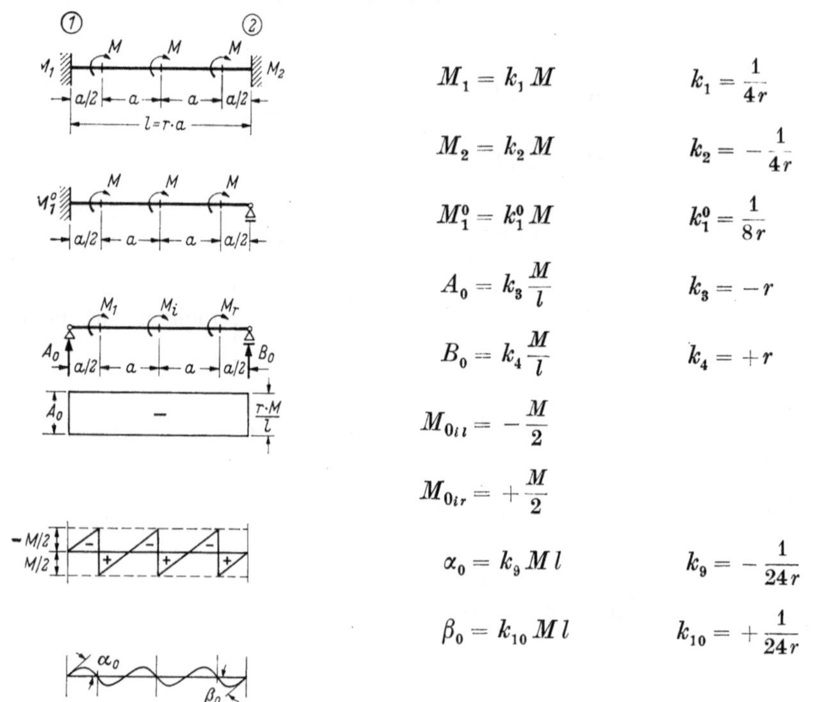

$M_1 = k_1 M \qquad k_1 = \frac{1}{4r}$

$M_2 = k_2 M \qquad k_2 = -\frac{1}{4r}$

$M_1^0 = k_1^0 M \qquad k_1^0 = \frac{1}{8r}$

$A_0 = k_3 \frac{M}{l} \qquad k_3 = -r$

$B_0 = k_4 \frac{M}{l} \qquad k_4 = +r$

$M_{0il} = -\frac{M}{2}$

$M_{0ir} = +\frac{M}{2}$

$\alpha_0 = k_9 M l \qquad k_9 = -\frac{1}{24r}$

$\beta_0 = k_{10} M l \qquad k_{10} = +\frac{1}{24r}$

Tabelle 32

r	k_1	k_2	k_1^0	k_3	k_9	k_{10}	r
1	0.250	−0.250	0.125	−1	−0.042	0.042	1
2	0.125	−0.125	0.063	−2	−0.021	0.021	2
3	0.083	−0.083	0.042	−3	−0.014	0.014	3
4	0.063	−0.063	0.031	−4	−0.010	0.010	4
5	0.050	−0.050	0.025	−5	−0.008	0.008	5
6	0.042	−0.042	0.021	−6	−0.007	0.007	6
7	0.036	−0.036	0.018	−7	−0.006	0.006	7
8	0.031	−0.031	0.016	−8	−0.005	0.005	8
9	0.028	−0.028	0.014	−9	−0.005	0.005	9
10	0.025	−0.025	0.013	−10	−0.004	0.004	10

Belastungsfall 33

Stützensenkungen

Senkung der linken Stütze: δ_1

Senkung der rechten Stütze: δ_2

$\delta_2 - \delta_1 = \Delta\delta$; *$\Delta\delta$ ist eine algebraische Größe*

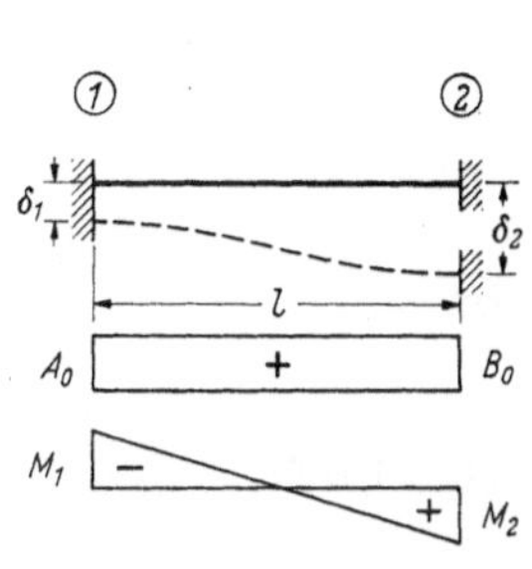

$$M_1 = -\frac{6\,E J\,\Delta\delta}{l^2}$$

$$M_2 = -M_1$$

$$M_1^0 = -\frac{3\,E J\,\Delta\delta}{l^2}$$

Für die Auflagerkräfte gilt generell

$$A_0 = \frac{M_2 - M_1}{l}$$

$$B_0 = \frac{M_1 - M_2}{l} \qquad B_0 = -A_0$$

Die entwickelten Ausdrücke für A_0 und B_0 liefern für

beidseitige Volleinspannung

$$A_0 = +\frac{12\,E J\,\Delta\delta}{l^3}$$

$$B_0 = -\frac{12\,E J\,\Delta\delta}{l^3}$$

einseitige Volleinspannung

$$A_0 = +\frac{3\,E J\,\Delta\delta}{l^3}$$

$$B_0 = -\frac{3\,E J\,\Delta\delta}{l^3}$$

Beachte: Zu den Stützensenkungen gibt es nur diese Aufstellung der Formeln. Tabellen hierzu sind ungeeignet.

Belastungsfall 34

Temperaturdifferenzen

Voraussetzungen:

1. Stationärer Wärmefluß $\Delta t^\circ = t_u^\circ - t_o^\circ$, wobei Δt° *als algebraische Größe* zu betrachten ist.
2. Elastizitätsmodul E und Trägheitsmoment J seien über die Stützweite l konstant.

ω = lineare Wärmeausdehnungszahl

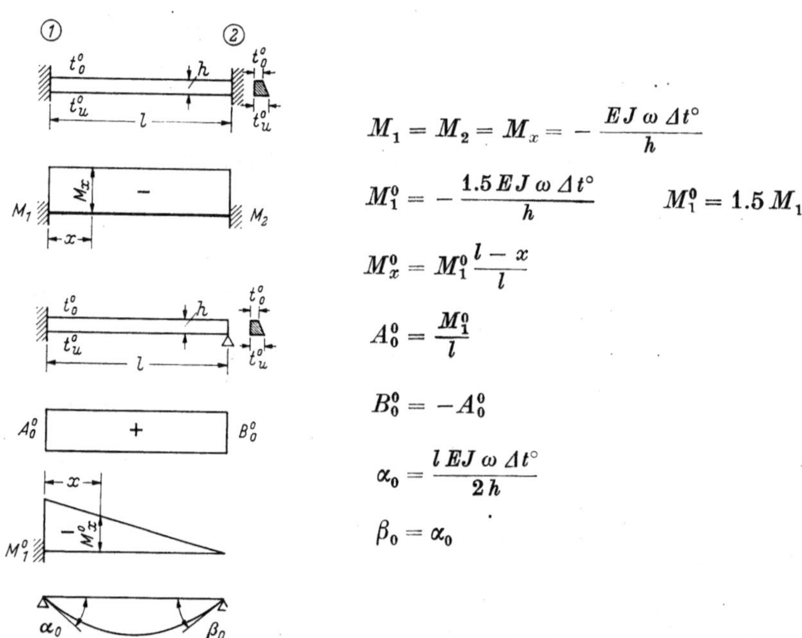

Beachte: Zu den Temperaturdifferenzen gibt es nur diese Aufstellung der Formeln. Tabellen hierzu sind ungeeignet.

Tabelle 35

Lasten über das ganze Feld verteilt

Lastfall	k_1	k_2	k_1^0	k_3	k_4	k_7	k_8	k_9	k_{10}
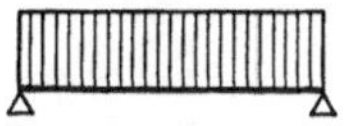	0.083	0.083	0.125	0.500	0.500	0.125	0.500	0.042	0.042
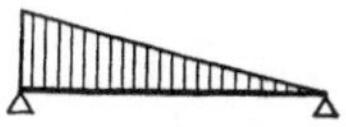	.050	.033	.067	.333	.167	.064	.423	.022	.019
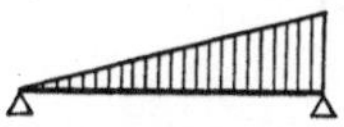	.033	.050	.058	.167	.333	.064	.577	.019	.022
	.031	.031	.047	.250	.250	.042	.500	.016	.016
	.052	.052	.078	.250	.250	.083	.500	.026	.026
quadr. Parabel 	.067	.067	.100	.333	.333	.104	.500	.033	.033
quadr. Parabel 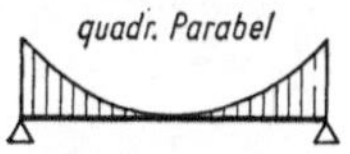	.017	.017	.025	.167	.167	.021	.500	.008	.008
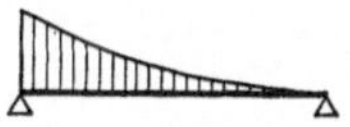	.033	.017	.042	.250	.083	.043	.370	.014	.011
	.017	.033	.033	.083	.250	.043	.630	.011	.014
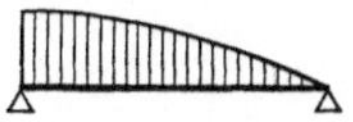	.067	.050	.092	.417	.250	.086	.446	.031	.028
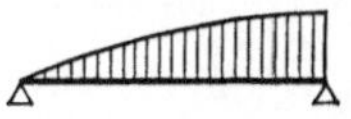	.050	.067	.083	.250	.417	.086	.554	.028	.031
	.044	.044	.066	.250	.250	.063	.500	.022	.022
	0.039	0.039	0.059	0.250	0.250	0.063	0.500	0.020	0.020

Die Koeffizienten k entsprechen den Erläuterungen zum Belastungsfall 1 (vgl. 29).

Belastungsfall V-1 (zu Tab. V-1)

(Vorspannung)

Spannglied nach Parabel 2. Ordnung, zentrisch am Ende verankert.

$$e_x = \frac{e_m}{s^2}(2sx - x^2)$$

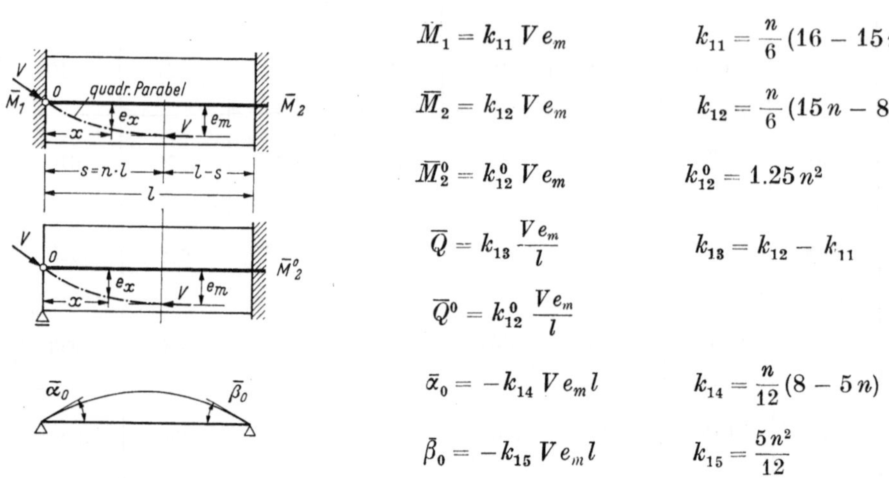

$\bar{M}_1 = k_{11}\, V e_m \qquad k_{11} = \frac{n}{6}(16 - 15n)$

$\bar{M}_2 = k_{12}\, V e_m \qquad k_{12} = \frac{n}{6}(15n - 8)$

$\bar{M}_2^0 = k_{12}^0\, V e_m \qquad k_{12}^0 = 1.25\, n^2$

$\bar{Q} = k_{13}\, \frac{V e_m}{l} \qquad k_{13} = k_{12} - k_{11}$

$\bar{Q}^0 = k_{12}^0\, \frac{V e_m}{l}$

$\bar{\alpha}_0 = -k_{14}\, V e_m l \qquad k_{14} = \frac{n}{12}(8 - 5n)$

$\bar{\beta}_0 = -k_{15}\, V e_m l \qquad k_{15} = \frac{5n^2}{12}$

Tabelle V-1

n	k_{11}	k_{12}	k_{12}^0	k_{13}	k_{14}	k_{15}
0.050	0.127	−0.060	0.003	−0.188	0.032	0.001
0.100	0.242	−0.108	0.013	−0.350	0.063	0.004
0.150	0.344	−0.144	0.028	−0.488	0.091	0.009
0.200	0.433	−0.167	0.050	−0.600	0.117	0.017
0.250	0.511	−0.177	0.078	−0.688	0.141	0.026
0.300	0.575	−0.175	0.113	−0.750	0.163	0.038
0.325	0.603	−0.169	0.132	−0.772	0.173	0.044
0.350	0.627	−0.160	0.153	−0.788	0.182	0.051
0.375	0.648	−0.148	0.176	−0.797	0.191	0.059
0.400	0.667	−0.133	0.200	−0.800	0.200	0.067
0.425	0.682	−0.115	0.226	−0.797	0.208	0.075
0.450	0.694	−0.094	0.253	−0.788	0.216	0.084
0.475	0.703	−0.069	0.282	−0.772	0.223	0.094
0.500	0.708	−0.042	0.313	−0.750	0.229	0.104
0.525	0.711	−0.019	0.345	−0.730	0.235	0.115
0.550	0.710	+0.023	0.378	−0.688	0.241	0.126
0.575	0.707	+0.060	0.413	−0.647	0.246	0.138
0.600	0.700	+0.100	0.450	−0.600	0.250	0.150
0.625	0.690	+0.143	0.488	−0.547	0.254	0.163
0.650	0.677	+0.190	0.528	−0.488	0.257	0.176

Belastungsfall V-2 (zu Tab. V-2)
(Vorspannung)

Chapeau-Kabel

Spannglied nach Parabel 2. Ordnung

$$e_2 + e_m = f$$
$$s = nl$$

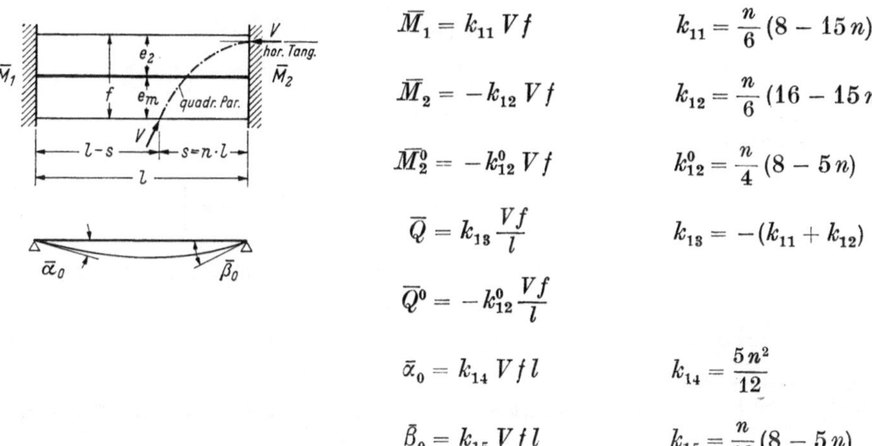

$$\bar{M}_1 = k_{11}\, V f \qquad k_{11} = \frac{n}{6}(8 - 15\,n)$$

$$\bar{M}_2 = -k_{12}\, V f \qquad k_{12} = \frac{n}{6}(16 - 15\,n)$$

$$\bar{M}_2^0 = -k_{12}^0\, V f \qquad k_{12}^0 = \frac{n}{4}(8 - 5\,n)$$

$$\bar{Q} = k_{13}\frac{V f}{l} \qquad k_{13} = -(k_{11} + k_{12})$$

$$\bar{Q}^0 = -k_{12}^0\frac{V f}{l}$$

$$\bar{\alpha}_0 = k_{14}\, V f\, l \qquad k_{14} = \frac{5\,n^2}{12}$$

$$\bar{\beta}_0 = k_{15}\, V f\, l \qquad k_{15} = \frac{n}{12}(8 - 5\,n)$$

Tabelle V-2

n	k_{11}	k_{12}	k_{12}^0	k_{13}	k_{14}	k_{15}
0.200	0.167	0.433	0.350	−0.600	0.017	0.117
0.225	0.173	0.473	0.387	−0.647	0.021	0.129
0.250	0.177	0.511	0.422	−0.688	0.026	0.141
0.275	0.178	0.544	0.456	−0.633	0.032	0.152
0.300	0.175	0.575	0.488	−0.750	0.038	0.163
0.325	0.169	0.603	0.518	−0.772	0.044	0.173
0.350	0.160	0.627	0.547	−0.788	0.051	0.182
0.375	0.148	0.648	0.574	−0.797	0.059	0.191
0.400	0.133	0.667	0.600	−0.800	0.067	0.200
0.425	0.115	0.682	0.624	−0.797	0.075	0.208
0.450	0.094	0.694	0.647	−0.788	0.084	0.216
0.475	0.069	0.703	0.668	−0.772	0.094	0.223
0.500	0.042	0.708	0.688	−0.750	0.104	0.229

Belastungsfall V-3 (zu Tab. V-3a u. b)

(Vorspannung)

Spannglied nach Parabel 3. Ordnung über Zwischenstützen

Mit $e_2 < 0$

$$s = n\,l$$

$$e_m = m\,(-e_2)$$

$$m = \frac{e_m}{-e_2}$$

und V als negative Druckkraft wird:

$$e_x = e_2\left[m + \frac{2\,(m+1)}{s^3}\,x^3 - \frac{3\,(m+1)}{s^2}\,x^2\right]$$

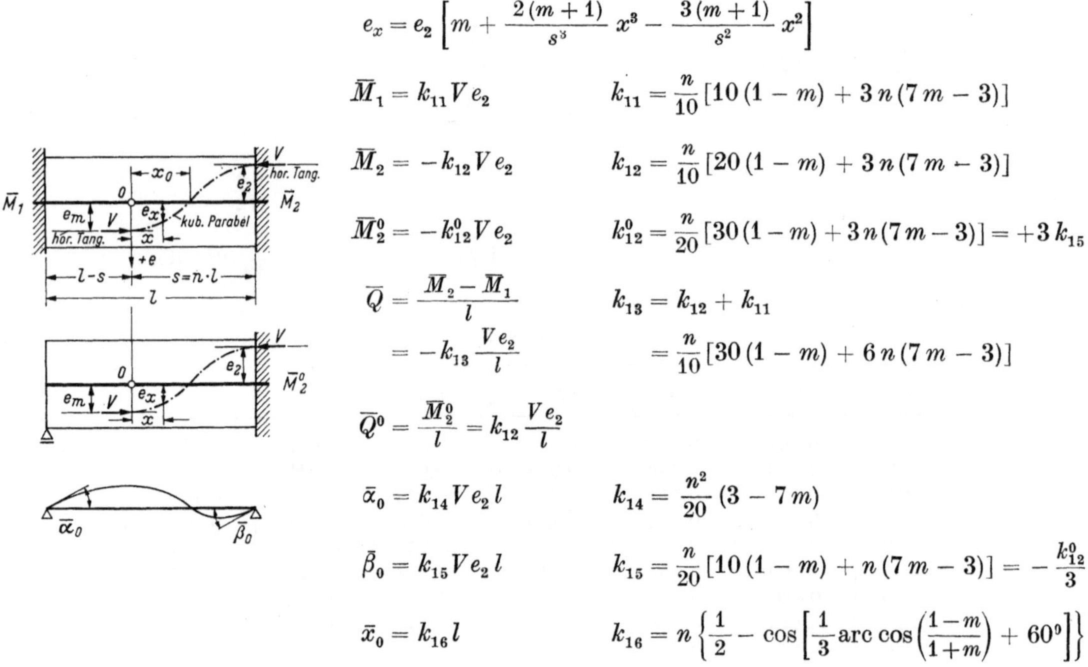

$$\overline{M}_1 = k_{11} V e_2 \qquad k_{11} = \frac{n}{10}\,[10\,(1-m) + 3\,n\,(7\,m-3)]$$

$$\overline{M}_2 = -k_{12} V e_2 \qquad k_{12} = \frac{n}{10}\,[20\,(1-m) + 3\,n\,(7\,m-3)]$$

$$\overline{M}_2^0 = -k_{12}^0 V e_2 \qquad k_{12}^0 = \frac{n}{20}\,[30\,(1-m) + 3\,n\,(7\,m-3)] = +3\,k_{15}$$

$$\overline{Q} = \frac{\overline{M}_2 - \overline{M}_1}{l} \qquad k_{13} = k_{12} + k_{11}$$

$$= -k_{13}\frac{V e_2}{l} \qquad = \frac{n}{10}\,[30\,(1-m) + 6\,n\,(7\,m-3)]$$

$$\overline{Q}^0 = \frac{\overline{M}_2^0}{l} = k_{12}\frac{V e_2}{l}$$

$$\bar{\alpha}_0 = k_{14} V e_2\, l \qquad k_{14} = \frac{n^2}{20}\,(3 - 7\,m)$$

$$\bar{\beta}_0 = k_{15} V e_2\, l \qquad k_{15} = \frac{n}{20}\,[10\,(1-m) + n\,(7\,m-3)] = -\frac{k_{12}^0}{3}$$

$$\bar{x}_0 = k_{16}\, l \qquad k_{16} = n\left\{\frac{1}{2} - \cos\left[\frac{1}{3}\arccos\left(\frac{1-m}{1+m}\right) + 60^0\right]\right\}$$

Für Werte k_{11}, k_{12} und k_{12}^0: siehe Tab. V-3a

Für Werte k_{14}, k_{15} und k_{16}: ,, Tab. V-3b

Tabelle V-3 a

Obere Zahl $= k_{11}$; mittlere Zahl $= k_{12}$; untere Zahl $= k_{12}^0$

m		n = 0.40	0.45	0.50	0.55	0.60	0.65	0.70	0.75	0.80	0.85	0.90	0.95	1.00
	k_{11}	0.262	0.270	0.273	0.269	0.260	0.246	0.226	0.201	0.170	0.133	0.091	0.043	−0.010
−0.10	k_{12}	.702	.765	.823	.874	.920	.961	.996	1.206	1.050	1.068	1.081	1.088	1.090
	k_{12}^0	.571	.630	.686	.740	.790	.838	.883	.925	.965	1.002	1.036	1.067	1.095
	k_{11}	.259	.269	.274	.274	.268	.258	.243	.222	.197	.166	.131	.091	.045
−0.05	k_{12}	.679	.742	.799	.851	.898	.940	.978	1.010	1.037	1.059	1.076	1.088	1.095
	k_{12}^0	.550	.607	.662	.714	.764	.811	.856	.899	.938	.976	1.011	1.043	1.073
	k_{11}	.256	.268	.275	.278	.276	.270	.259	.244	.224	.200	.171	.138	.100
0	k_{12}	.656	.718	.775	.828	.876	.920	.959	.994	1.024	1.050	1.071	1.088	1.100
	k_{12}^0	.528	.584	.638	.689	.738	.785	.830	.872	.912	.950	.986	1.019	1.050
	k_{11}	.253	.267	.276	.282	.284	.282	.276	.265	.251	.233	.211	.185	.155
0.05	k_{12}	.633	.694	.751	.805	.854	.899	.941	.978	1.011	1.041	1.066	1.088	1.105
	k_{12}^0	.506	.561	.613	.664	.712	.758	.803	.845	.886	.924	.961	.995	1.028
	k_{11}	.250	.265	.278	.286	.292	.294	.292	.287	.278	.267	.251	.232	.210
0.10	k_{12}	.610	.670	.728	.781	.832	.879	.922	.962	.998	1.032	1.061	1.087	1.110
	k_{12}^0	.485	.538	.589	.638	.686	.732	.776	.818	.859	.898	.936	.971	1.005
	k_{11}	.246	.264	.279	.291	.299	.305	.308	.308	.306	.300	.291	.280	.265
0.15	k_{12}	.586	.647	.704	.758	.809	.858	.903	.946	.986	1.022	1.056	1.087	1.115
	k_{12}^0	.463	.515	.564	.613	.660	.705	.749	.792	.833	.872	.911	.947	.983
	k_{11}	.243	.263	.280	.295	.307	.317	.325	.330	.333	.333	.331	.327	.320
0.20	k_{12}	.563	.623	.680	.735	.787	.837	.885	.930	.973	1.013	1.051	1.087	1.120
	k_{12}^0	.442	.491	.540	.587	.634	.679	.722	.765	.806	.847	.886	.923	.960
	k_{11}	.240	.262	.281	.299	.315	.329	.341	.352	.360	.367	.371	.374	.375
0.25	k_{12}	.540	.599	.656	.712	.765	.817	.866	.914	.960	1.004	1.046	1.087	1.125
	k_{12}^0	.420	.468	.516	.562	.608	.652	.696	.738	.780	.821	.861	.900	.938
	k_{11}	.237	.260	.283	.303	.323	.341	.358	.373	.387	.400	.411	.421	.430
0.30	k_{12}	.517	.575	.633	.688	.743	.796	.848	.898	.947	.995	1.041	1.086	1.130
	k_{12}^0	.398	.445	.491	.537	.581	.626	.669	.712	.754	.795	.836	.876	.915
	k_{11}	.234	.259	.284	.308	.331	.353	.374	.395	.414	.433	.451	.469	.485
0.35	k_{12}	.494	.552	.609	.665	.721	.775	.829	.882	.934	.986	1.036	1.086	1.135
	k_{12}^0	.377	.422	.467	.511	.555	.599	.642	.685	.727	.769	.811	.852	.893
	k_{11}	.230	.258	.285	.312	.338	.365	.391	.416	.442	.467	.491	.516	.540
0.40	k_{12}	.470	.528	.585	.642	.698	.755	.811	.866	.922	.977	1.031	1.086	1.140
	k_{12}^0	.355	.399	.443	.486	.529	.572	.615	.658	.701	.743	.786	.828	.870
	k_{11}	.227	.257	.286	.316	.346	.377	.407	.438	.469	.500	.532	.563	.595
0.45	k_{12}	.447	.504	.561	.619	.676	.734	.792	.850	.909	.968	1.027	1.086	1.145
	k_{12}^0	.334	.376	.418	.461	.503	.546	.589	.631	.674	.718	.761	.804	.848
	k_{11}	.224	.255	.288	.320	.354	.388	.424	.459	.496	.533	.572	.610	.650
0.50	k_{12}	.424	.480	.538	.593	.654	.713	.774	.834	.896	.958	1.022	1.085	1.150
	k_{12}^0	.312	.353	.394	.435	.477	.519	.562	.605	.648	.692	.736	.780	.825
	k_{11}	.221	.254	.289	.325	.362	.400	.440	.481	.523	.567	.612	.658	.705
0.55	k_{12}	.401	.457	.514	.572	.632	.693	.755	.818	.883	.949	1.017	1.085	1.155
	k_{12}^0	.290	.330	.369	.410	.451	.493	.535	.578	.622	.666	.711	.756	.803
	k_{11}	.218	.253	.290	.329	.370	.412	.456	.503	.550	.600	.652	.705	.760
0.60	k_{12}	.378	.433	.490	.549	.610	.672	.736	.803	.870	.940	1.012	1.085	1.160
	k_{12}^0	.269	.307	.345	.385	.425	.466	.508	.551	.595	.640	.686	.733	.780
	k_{11}	.214	.252	.291	.333	.377	.424	.473	.524	.578	.634	.692	.752	.815
0.65	k_{12}	.354	.409	.466	.526	.587	.652	.718	.787	.858	.931	1.007	1.085	1.165
	k_{12}^0	.247	.283	.321	.359	.399	.440	.481	.525	.569	.614	.661	.709	.758

Tabelle V-3 a (Fortsetzung)

m		n												
		0.40	0.45	0.50	0.55	0.60	0.65	0.70	0.75	0.80	0.85	0.90	0.95	1.00
	k_{11}	.211	.250	.293	.337	.385	.436	.489	.546	.605	.667	.732	.799	.870
0.70	k_{12}	.331	.385	.443	.502	.565	.631	.699	.771	.845	.922	1.002	1.084	1.170
	k_{12}^0	.226	.260	.296	.334	.373	.413	.455	.498	.542	.588	.636	.685	.735
	k_{11}	.208	.249	.294	.342	.393	.448	.506	.567	.632	.700	.772	.847	.925
0.75	k_{12}	.308	.362	.419	.479	.543	.610	.681	.755	.832	.913	.997	1.084	1.175
	k_{12}^0	.204	.237	.272	.308	.347	.386	.428	.471	.516	.563	.611	.661	.713
	k_{11}	.205	.248	.295	.346	.401	.460	.522	.589	.659	.734	.812	.894	.980
0.80	k_{12}	.285	.338	.395	.456	.521	.590	.662	.739	.819	.904	.992	1.084	1.180
	k_{12}^0	.182	.214	.248	.283	.320	.360	.401	.444	.490	.537	.586	.637	.690
	k_{11}	.202	.247	.296	.350	.409	.471	.539	.610	.686	.767	.852	.941	1.035
0.85	k_{12}	.262	.314	.371	.433	.499	.569	.644	.723	.806	.894	.987	1.084	1.185
	k_{12}^0	.161	.191	.223	.278	.294	.333	.374	.418	.463	.511	.561	.613	.668
	k_{11}	.198	.246	.298	.355	.416	.483	.555	.632	.714	.800	.892	.989	1.090
0.90	k_{12}	.238	.291	.348	.410	.476	.548	.625	.707	.794	.885	.982	1.084	1.190
	k_{12}^0	.139	.168	.199	.232	.268	.307	.348	.391	.437	.485	.536	.589	.645
	k_{11}	.195	.244	.299	.359	.424	.495	.572	.653	.741	.834	.932	1.036	1.145
0.95	k_{12}	.215	.267	.324	.386	.454	.528	.607	.691	.781	.876	.977	1.083	1.195
	k_{12}^0	.118	.145	.174	.207	.242	.280	.321	.364	.410	.459	.511	.565	.623
	k_{11}	.192	.243	.300	.363	.432	.507	.588	.675	.768	.867	.972	1.083	1.200
1.00	k_{12}	.192	.243	.300	.363	.432	.507	.588	.675	.768	.867	.972	1.083	1.200
	k_{12}^0	.096	.122	.150	.182	.216	.254	.294	.338	.384	.434	.486	.542	.600

Tabelle V-3 b

Obere Zahl $= k_{14}$; mittlere Zahl $= k_{15}$; untere Zahl $= k_{16}$

m		n												
		0.40	0.45	0.50	0.55	0.60	0.65	0.70	0.75	0.80	0.85	0.90	0.95	1.00
	k_{14}	0.030	0.038	0.046	0.056	0.067	0.078	0.091	0.104	0.118	0.134	0.150	0.167	0.185
−0.10	k_{15}	.190	.210	.229	.247	.263	.279	.294	.308	.322	.334	.345	.356	.365
	k_{16}	–	–	–	–	–	–	–	–	–	–	–	–	–
	k_{14}	.027	.034	.042	.051	.060	.071	.082	.094	.107	.121	.136	.151	.168
−0.05	k_{15}	.183	.202	.221	.238	.255	.271	.285	.300	.313	.325	.337	.348	.358
	k_{16}	–	–	–	–	–	–	–	–	–	–	–	–	–
	k_{14}	.024	.030	.038	.045	.054	.063	.074	.084	.096	.108	.122	.135	.150
0	k_{15}	.176	.195	.213	.230	.246	.262	.277	.291	.304	.317	.329	.340	.350
	k_{16}	–	–	–	–	–	–	–	–	–	–	–	–	–
	k_{14}	.021	.027	.033	.040	.048	.056	.065	.075	.085	.096	.107	.120	.133
0.05	k_{15}	.169	.187	.204	.221	.237	.253	.268	.282	.295	.308	.320	.332	.343
	k_{16}	.053	.059	.066	.073	.079	.086	.092	.099	.106	.112	.119	.125	.132
	k_{14}	.018	.023	.029	.035	.041	.049	.056	.065	.074	.083	.093	.104	.115
0.10	k_{15}	.162	.179	.196	.213	.229	.244	.259	.273	.286	.299	.312	.324	.335
	k_{16}	.074	.084	.093	.102	.112	.121	.130	.140	.149	.158	.167	.177	.186
	k_{14}	.016	.020	.024	.030	.035	.041	.048	.055	.062	.070	.079	.088	.098
0.15	k_{15}	.154	.172	.188	.204	.220	.235	.250	.264	.278	.291	.304	.316	.328
	k_{16}	.090	.102	.113	.124	.135	.147	.158	.169	.181	.192	.203	.215	.226
	k_{14}	.013	.016	.020	.024	.029	.034	.039	.045	.051	.058	.065	.072	.080
0.20	k_{15}	.147	.164	.188	.196	.211	.226	.241	.255	.269	.282	.295	.308	.320
	k_{16}	.104	.117	.130	.143	.156	.169	.181	.194	.207	.220	.233	.246	.259

Tabelle V-3 b (Fortsetzung)

m	n												
	0.40	0.45	0.50	0.55	0.60	0.65	0.70	0.75	0.80	0.85	0.90	0.95	1.00
k_{14}	.010	.013	.016	.019	.023	.026	.031	.035	.040	.045	.051	.056	.063
0.25 k_{15}	.140	.156	.172	.187	.203	.217	.232	.246	.260	.274	.287	.300	.313
k_{16}	.115	.129	.144	.158	.172	.187	.201	.215	.230	.244	.258	.273	.287
k_{14}	.007	.009	.011	.014	.016	.019	.022	.025	.029	.033	.037	.041	.045
0.30 k_{15}	.133	.148	.164	.179	.194	.209	.223	.237	.251	.265	.279	.292	.305
k_{16}	.125	.140	.156	.171	.187	.203	.218	.234	.249	.265	.280	.296	.312
k_{14}	.004	.006	.007	.008	.010	.012	.014	.015	.018	.020	.022	.025	.028
0.35 k_{15}	.126	.141	.156	.170	.185	.200	.214	.228	.242	.256	.270	.284	.298
k_{16}	.133	.150	.167	.183	.200	.217	.233	.250	.267	.283	.300	.317	.333
k_{14}	.002	.002	.003	.003	.004	.004	.005	.006	.006	.007	.008	.009	.010
0.40 k_{15}	.118	.133	.148	.162	.176	.191	.205	.219	.234	.248	.262	.276	.290
k_{16}	.141	.159	.177	.194	.212	.230	.247	.265	.283	.300	.318	.336	.353
k_{14}	-0.001	-0.002	-0.002	-0.002	-0.003	-0.003	-0.004	-0.004	-0.005	-0.005	-0.006	-0.007	-0.008
0.45 k_{15}	.111	.125	.139	.154	.168	.182	.196	.211	.225	.239	.254	.268	.283
k_{16}	.148	.167	.185	.204	.222	.241	.260	.278	.297	.315	.334	.352	.371
k_{14}	-0.004	-0.005	-0.006	-0.008	-0.009	-0.011	-0.012	-0.014	-0.016	-0.018	-0.020	-0.023	-0.025
0.50 k_{15}	.104	.118	.131	.145	.159	.173	.187	.202	.216	.231	.245	.260	.275
k_{16}	.155	.174	.194	.213	.232	.252	.271	.291	.310	.329	.349	.368	.387
k_{14}	-0.007	-0.009	-0.011	-0.013	-0.015	-0.018	-0.021	-0.024	-0.027	-0.031	-0.034	-0.038	-0.043
0.55 k_{15}	.097	.110	.123	.137	.150	.164	.178	.193	.207	.222	.237	.252	.268
k_{16}	.161	.181	.201	.221	.241	.261	.281	.301	.322	.342	.362	.382	.402
k_{14}	-0.010	-0.012	-0.015	-0.018	-0.022	-0.025	-0.029	-0.034	-0.038	-0.043	-0.049	-0.054	-0.060
0.60 k_{15}	.090	.102	.115	.128	.142	.155	.169	.184	.198	.213	.229	.244	.260
k_{16}	.166	.187	.208	.229	.250	.270	.291	.312	.333	.354	.374	.395	.416
k_{14}	-0.012	-0.016	-0.019	-0.023	-0.028	-0.033	-0.038	-0.044	-0.050	-0.056	-0.063	-0.070	-0.078
0.65 k_{15}	.082	.094	.107	.120	.133	.147	.161	.175	.190	.205	.220	.236	.253
k_{16}	.170	.192	.213	.234	.255	.277	.298	.319	.341	.362	.383	.404	.426
k_{14}	-0.015	-0.019	-0.024	-0.029	-0.034	-0.040	-0.047	-0.053	-0.061	-0.069	-0.077	-0.086	-0.095
0.70 k_{15}	.075	.087	.099	.111	.124	.138	.152	.166	.181	.196	.212	.228	.245
k_{16}	.173	.195	.217	.238	.260	.282	.303	.325	.347	.368	.390	.412	.433
k_{14}	-0.018	-0.023	-0.028	-0.034	-0.041	-0.048	-0.055	-0.063	-0.072	-0.081	-0.091	-0.102	-0.113
0.75 k_{15}	.068	.079	.091	.103	.116	.129	.143	.157	.172	.188	.204	.220	.238
k_{16}	.181	.204	.226	.249	.271	.294	.317	.339	.362	.384	.407	.430	.452
k_{14}	-0.021	-0.026	-0.033	-0.039	-0.047	-0.055	-0.064	-0.073	-0.083	-0.094	-0.105	-0.117	-0.130
0.80 k_{15}	.061	.071	.083	.094	.107	.120	.134	.148	.163	.179	.195	.212	.230
k_{16}	.185	.208	.231	.255	.278	.301	.324	.347	.370	.393	.417	.440	.463
k_{14}	-0.024	-0.030	-0.037	-0.045	-0.053	-0.062	-0.072	-0.083	-0.094	-0.107	-0.120	-0.133	-0.148
0.85 k_{15}	.054	.064	.074	.086	.098	.111	.125	.139	.154	.170	.187	.204	.223
k_{16}	.189	.213	.237	.260	.284	.307	.331	.355	.378	.402	.426	.449	.473
k_{14}	-0.026	-0.033	-0.041	-0.050	-0.059	-0.070	-0.081	-0.093	-0.106	-0.119	-0.134	-0.149	-0.165
0.90 k_{15}	.046	.056	.066	.077	.089	.102	.116	.130	.146	.162	.179	.196	.215
k_{16}	.193	.217	.241	.265	.290	.314	.338	.362	.386	.410	.434	.458	.483
k_{14}	-0.029	-0.037	-0.046	-0.055	-0.066	-0.077	-0.089	-0.103	-0.117	-0.132	-0.148	-0.165	-0.183
0.95 k_{15}	.039	.048	.058	.069	.081	.093	.107	.121	.137	.153	.170	.189	.208
k_{16}	.197	.221	.246	.270	.295	.320	.344	.369	.393	.418	.442	.467	.492
k_{14}	-0.032	-0.041	-0.050	-0.061	-0.072	-0.085	-0.098	-0.113	-0.128	-0.145	-0.162	-0.181	-0.200
1.00 k_{15}	.032	.041	.050	.061	.072	.085	.098	.113	.128	.145	.162	.181	.200
k_{16}	.200	.225	.250	.275	.300	.325	.350	.375	.400	.425	.450	.475	.500

Belastungsfall V-4 (zu Tab. V-4)
(Vorspannung)

Endfeld mit Kombination: Spannglied nach Parabel 2. Ordnung in Parabel 3. Ordnung übergehend.

Parabel 2. Ordnung: $l(n-1) \leq x \leq 0$ für $e_x = f(x)$ siehe S. 92

Parabel 3. Ordnung: $0 \leq x \leq nl$ für $e_x = f(x)$ siehe S. 94

$$e_2 < 0$$

$$m = \frac{e_m}{-e_2}$$

$$V < 0 \quad (V = \text{Spannkraft})$$

Die Spannkraft ist als Druckkraft negativ. Diese Eigenschaft ist in den Koeffizienten k bzw. in den nachstehenden Formeln bereits berücksichtigt, so daß in den Formeln V nur noch mit dem absoluten Wert einzusetzen ist.

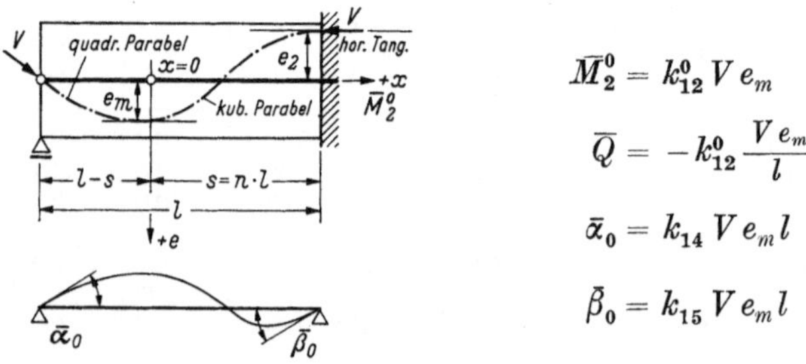

$$\overline{M}_2^0 = k_{12}^0 V e_m$$

$$\overline{Q} = -k_{12}^0 \frac{V e_m}{l}$$

$$\overline{\alpha}_0 = k_{14} V e_m l$$

$$\overline{\beta}_0 = k_{15} V e_m l$$

Für die Koeffizienten k wurden hier keine besonderen Formeln wiedergegeben, da es sich hier um Kombinationen aus den Tab. V-1 und V-3 handelt.

Tabelle V-4

Obere Zahl $= k_{12}^0$; mittlere Zahl $= k_{14}$; untere Zahl $= k_{15}$

m		n = 0.40	0.45	0.50	0.55	0.60	0.65	0.70	0.75	0.80	0.85	0.90		m
0.20	k_{12}^0								−3.747	−3.982	−4.205	−4.416	k_{12}^0	0.20
	k_{14}								+0.084	+0.139	+0.198	+0.262	k_{14}	
	k_{15}								+1.249	+1.327	+1.402	+1.472	k_{15}	
0.25	k_{12}^0							−2.670	−2.875	−3.070	−3.255	−3.430	k_{12}^0	0.25
	k_{14}							−0.040	+0.000	+0.043	+0.090	+0.140	k_{14}	
	k_{15}							+0.890	+0.958	+1.023	+1.085	+1.143	k_{15}	
0.30	k_{12}^0						−1.932	−2.117	−2.294	−2.462	−2.622	−2.773	k_{12}^0	0.30
	k_{14}						−0.119	−0.089	−0.056	−0.021	+0.018	+0.059	k_{14}	
	k_{15}						+0.644	+0.706	+0.764	+0.821	+0.874	+0.925	k_{15}	
0.35	k_{12}^0					−1.387	−1.558	−1.722	−1.879	−2.028	−2.169		k_{12}^0	0.35
	k_{14}					−0.172	−0.149	−0.124	−0.097	−0.066	−0.034		k_{14}	
	k_{15}					+0.462	+0.519	+0.574	+0.626	+0.676	+0.723		k_{15}	
0.40	k_{12}^0				−0.962	−1.123	−1.278	−1.426	−1.567	−1.702	−1.830		k_{12}^0	0.40
	k_{14}				−0.208	−0.191	−0.172	−0.150	−0.127	−0.101	−0.073		k_{14}	
	k_{15}				+0.321	+0.374	+0.426	+0.475	+0.523	+0.567	+0.610		k_{15}	

Tabelle V-4 (Fortsetzung)

m		*n* 0.40	0.45	0.50	0.55	0.60	0.65	0.70	0.75	0.80	0.85	0.90		*m*
	k_{12}^0			– 0.617	– 0.771	– 0.918	– 1.060	– 1.195	– 1.325	– 1.449			k_{12}^0	
0.45	k_{14}			– 0.233	– 0.221	– 0.206	– 0.189	– 0.171	– 0.150	– 0.127			k_{14}	0.45
	k_{15}			+ 0.206	+ 0.257	+ 0.306	+ 0.353	+ 0.399	+ 0.442	+ 0.483			k_{15}	
	k_{12}^0		– 0.327	– 0.475	– 0.617	– 0.754	– 0.885	– 1.011	– 1.131	– 1.246			k_{12}^0	
0.50	k_{14}		– 0.251	– 0.242	– 0.231	– 0.218	– 0.204	– 0.187	– 0.169	– 0.149			k_{14}	0.50
	k_{15}		+ 0.109	+ 0.158	+ 0.206	+ 0.251	+ 0.295	+ 0.337	+ 0.377	+ 0.415			k_{15}	
	k_{12}^0	– 0.078	– 0.221	– 0.359	– 0.492	– 0.620	– 0.743	– 0.860	– 0.973				k_{12}^0	
0.55	k_{14}	– 0.262	– 0.256	– 0.249	– 0.239	– 0.228	– 0.215	– 0.200	– 0.184				k_{14}	0.55
	k_{15}	+ 0.026	+ 0.074	+ 0.120	+ 0.164	+ 0.207	+ 0.248	+ 0.287	+ 0.324				k_{15}	
	k_{12}^0	+ 0.002	– 0.133	– 0.263	– 0.388	– 0.508	– 0.624	– 0.735	– 0.841				k_{12}^0	
0.60	k_{14}	– 0.266	– 0.261	– 0.254	– 0.246	– 0.236	– 0.225	– 0.212	– 0.196				k_{14}	0.60
	k_{15}	– 0.001	+ 0.044	+ 0.088	+ 0.129	+ 0.169	+ 0.208	+ 0.245	+ 0.280				k_{15}	
	k_{12}^0	+ 0.070	– 0.058	– 0.181	– 0.299	– 0.413	– 0.523	– 0.628					k_{12}^0	
0.65	k_{14}	– 0.269	– 0.265	– 0.259	– 0.252	– 0.243	– 0.233	– 0.221					k_{14}	0.65
	k_{15}	– 0.023	+ 0.019	+ 0.060	+ 0.100	+ 0.138	+ 0.188	+ 0.209					k_{15}	
	k_{12}^0	+ 0.128	+ 0.006	– 0.111	– 0.224	– 0.332	– 0.437	– 0.537					k_{12}^0	
0.70	k_{14}	– 0.272	– 0.268	– 0.263	– 0.257	– 0.249	– 0.230	– 0.229					k_{14}	0.70
	k_{15}	– 0.043	– 0.002	+ 0.037	+ 0.075	+ 0.111	+ 0.146	+ 0.179					k_{15}	
	k_{12}^0	+ 0.178	+ 0.062	– 0.050	– 0.158	– 0.262	– 0.362						k_{12}^0	
0.75	k_{14}	– 0.274	– 0.271	– 0.267	– 0.261	– 0.254	– 0.246						k_{14}	0.75
	k_{15}	– 0.059	– 0.021	+ 0.017	+ 0.053	+ 0.087	+ 0.121						k_{15}	
	k_{12}^0	+ 0.222	+ 0.111	+ 0.003	– 0.101	– 0.201	– 0.297						k_{12}^0	
0.80	k_{14}	– 0.276	– 0.274	– 0.270	– 0.265	– 0.259	– 0.251						k_{14}	0.80
	k_{15}	– 0.074	– 0.037	– 0.001	+ 0.034	+ 0.067	+ 0.099						k_{15}	
	k_{12}^0	+ 0.261	+ 0.154	+ 0.050	– 0.074	– 0.146	– 0.239						k_{12}^0	
0.85	k_{14}	– 0.278	– 0.276	– 0.273	– 0.268	– 0.263	– 0.256						k_{14}	0.85
	k_{15}	– 0.087	– 0.051	– 0.017	+ 0.017	+ 0.049	+ 0.080						k_{15}	
	k_{12}^0	+ 0.295	+ 0.192	+ 0.112	– 0.005	– 0.098	– 0.188						k_{12}^0	
0.90	k_{14}	– 0.279	– 0.278	– 0.275	– 0.271	– 0.266	– 0.260						k_{14}	0.90
	k_{15}	– 0.098	– 0.064	– 0.031	+ 0.002	+ 0.033	+ 0.063						k_{15}	
	k_{12}^0	+ 0.326	+ 0.226	+ 0.129	+ 0.035	– 0.055	– 0.142						k_{12}^0	
0.95	k_{14}	– 0.281	– 0.280	– 0.277	– 0.274	– 0.269	– 0.264						k_{14}	0.95
	k_{15}	– 0.109	– 0.075	– 0.043	– 0.012	+ 0.018	+ 0.047						k_{15}	
	k_{12}^0	+ 0.354	+ 0.257	+ 0.163	+ 0.072	– 0.016	– 0.100						k_{12}^0	
1.00	k_{14}	– 0.282	– 0.281	– 0.279	– 0.276	– 0.272	– 0.267						k_{14}	1.00
	k_{15}	– 0.118	– 0.086	– 0.054	– 0.024	+ 0.005	+ 0.034						k_{15}	

Belastungsfall V-5 (zu Tab. V-5a–k)
(Vorspannung)

Vorspannung: Spannglied über gesamtes Innenfeld nach kubischer Parabel. –

In den nachstehenden Formeln ist V als Druckkraft berücksichtigt worden, so daß sie nur noch mit ihrem absoluten Wert einzusetzen ist.

$$e_1 : e_2 = r$$

$$\frac{e_m}{-e_2} = m$$

$$s = n\,l$$

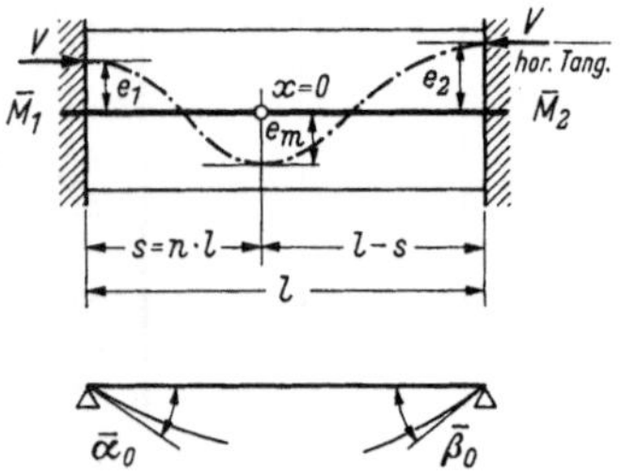

$$\bar{M}_1 = k_{11}\,V\,e_2 \qquad k_{11} = \frac{1}{10}\,[1 + 9\,n^2(r-1) + 4\,n\,(2 - 5\,r) + m\,(11 - 12\,n)]$$

$$\bar{M}_2 = k_{12}\,V\,e_2 \qquad k_{12} = \frac{1}{10}\,[9\,n^2(1-r) + 2\,n\,(1 + 5\,r) + m\,(12\,n - 1)]$$

$$\bar{Q} = k_{13}\,\frac{V\,e_2}{l} \qquad k_{13} = \frac{6}{10}\,[3\,n^2(1-r) + n\,(5\,r - 1) + 2\,m\,(2\,n - 1)]$$

$$\bar{\alpha}_0 = k_{14}\,V\,e_2\,l \qquad k_{14} = \frac{1}{20}\,[3\,n^2(1-r) + 2\,n\,(5\,r - 3) + m\,(4\,n - 7) + 3]$$

$$\bar{\beta}_0 = k_{15}\,V\,e_2\,l \qquad k_{15} = \frac{1}{20}\,[3\,n^2(r-1) - 4\,n\,(1 + m) - 3\,m + 7]$$

V, $\bar{M}_1$, e_1, $x=0$, e_m, e_2, V, hor. Tang., $\bar{M}_2$, $s=n\cdot l$, $l-s$, l, $\bar{\alpha}_0$, $\bar{\beta}_0$

Nach den Parametern r geordnet finden sich die vorstehenden Koeffizienten k wie folgt:

k_{11}, k_{12} und k_{13} in den Tab. V-5a bis V-5e
k_{14} und k_{15} in den Tab. V-5f bis V-5k

Für die Gleichung der Spanngliedachse $e_x = f(x)$ siehe S. 94

Tabelle V-5a

Obere Zahl = k_{11}; mittlere Zahl = k_{12}; untere Zahl = k_{13}

m		$r = 0.55$					$r = 0.60$						m
		$n = 0.40$	$n = 0.45$	$n = 0.50$	$n = 0.55$	$n = 0.60$	$n = 0.40$	$n = 0.45$	$n = 0.50$	$n = 0.55$	$n = 0.60$		
	k_{11}	−0.147	−0.173	−0.201	−0.232	−0.264	−0.180	−0.209	−0.240	−0.273	−0.308	k_{11}	
−0.10	k_{12}	−0.773	−0.725	−0.674	−0.621	−0.566	−0.760	−0.711	−0.660	−0.607	−0.552	k_{12}	−0.10
	k_{13}	−0.626	−0.552	−0.473	−0.390	−0.302	−0.581	−0.502	−0.420	−0.334	−0.245	k_{13}	
	k_{11}	−0.116	−0.145	−0.176	−0.210	−0.245	−0.149	−0.181	−0.215	−0.251	−0.289	k_{11}	
−0.05	k_{12}	−0.754	−0.703	−0.649	−0.593	−0.535	−0.741	−0.689	−0.635	−0.579	−0.521	k_{12}	−0.05
	k_{13}	−0.638	−0.558	−0.473	−0.384	−0.290	−0.593	−0.508	−0.420	−0.328	−0.233	k_{13}	
	k_{11}	−0.085	−0.117	−0.151	−0.188	−0.226	−0.118	−0.153	−0.190	−0.229	−0.270	k_{11}	
0	k_{12}	−0.735	−0.681	−0.624	−0.565	−0.504	−0.722	−0.667	−0.610	−0.551	−0.490	k_{12}	0
	k_{13}	−0.650	−0.564	−0.473	−0.378	−0.278	−0.605	−0.514	−0.420	−0.322	−0.221	k_{13}	
	k_{11}	−0.054	−0.089	−0.126	−0.166	−0.207	−0.087	−0.125	−0.165	−0.207	−0.250	k_{11}	
0.05	k_{12}	−0.716	−0.659	−0.599	−0.537	−0.473	−0.703	−0.645	−0.585	−0.523	−0.459	k_{12}	0.05
	k_{13}	−0.662	−0.570	−0.473	−0.372	−0.266	−0.617	−0.520	−0.420	−0.316	−0.209	k_{13}	
	k_{11}	−0.023	−0.061	−0.101	−0.144	−0.188	−0.056	−0.097	−0.140	−0.185	−0.232	k_{11}	
0.10	k_{12}	−0.697	−0.637	−0.574	−0.509	−0.442	−0.684	−0.623	−0.560	−0.495	−0.428	k_{12}	0.10
	k_{13}	−0.674	−0.576	−0.473	−0.366	−0.254	−0.629	−0.526	−0.420	−0.310	−0.197	k_{13}	
	k_{11}	0.008	−0.033	−0.076	−0.122	−0.169	−0.025	−0.069	−0.115	−0.163	−0.213	k_{11}	
0.15	k_{12}	−0.678	−0.615	−0.549	−0.481	−0.411	−0.665	−0.601	−0.535	−0.467	−0.397	k_{13}	0.15
	k_{13}	−0.686	−0.582	−0.473	−0.360	−0.242	−0.641	−0.532	−0.420	−0.304	−0.185	k_{13}	
	k_{11}	0.039	−0.005	−0.051	−0.100	−0.150	0.006	−0.041	−0.090	−0.141	−0.194	k_{11}	
0.20	k_{12}	−0.659	−0.593	−0.524	−0.453	−0.380	−0.646	−0.579	−0.510	−0.439	−0.366	k_{12}	0.20
	k_{13}	−0.698	−0.588	−0.473	−0.354	−0.230	−0.653	−0.538	−0.420	−0.298	−0.173	k_{13}	
	k_{11}	0.070	0.023	−0.026	−0.078	−0.131	0.037	−0.013	−0.065	−0.119	−0.175	k_{11}	
0.25	k_{12}	−0.640	−0.571	−0.499	−0.425	−0.349	−0.627	−0.557	−0.485	−0.411	−0.335	k_{12}	0.25
	k_{13}	−0.710	−0.594	−0.473	−0.348	−0.218	−0.665	−0.544	−0.420	−0.292	−0.161	k_{13}	
	k_{11}	0.101	0.051	−0.001	−0.056	−0.112	0.068	0.015	−0.040	−0.097	−0.156	k_{11}	
0.30	k_{12}	−0.621	−0.549	−0.474	−0.397	−0.318	−0.608	0.535	0.460	−0.383	−0.304	k_{12}	0.30
	k_{13}	−0.722	−0.600	−0.473	−0.342	−0.206	−0.677	−0.550	−0.420	−0.286	−0.149	k_{13}	
	k_{11}	0.132	0.079	0.024	−0.034	−0.093	0.099	0.043	−0.015	−0.075	−0.137	k_{11}	
0.35	k_{12}	−0.602	−0.527	−0.449	−0.369	−0.287	−0.589	−0.513	−0.435	−0.355	−0.273	k_{12}	0.35
	k_{13}	−0.734	−0.606	−0.473	−0.336	−0.194	−0.689	−0.556	−0.420	−0.280	−0.137	k_{13}	
	k_{11}	0.163	0.107	0.049	−0.012	−0.074	0.130	0.071	0.010	−0.053	−0.118	k_{11}	
0.40	k_{12}	−0.583	−0.505	−0.424	−0.341	−0.256	−0.570	−0.491	−0.410	−0.327	−0.242	k_{12}	0.40
	k_{13}	−0.746	−0.612	−0.473	−0.330	−0.182	−0.701	−0.562	−0.420	−0.274	−0.125	k_{13}	
	k_{11}	0.194	0.135	0.074	0.010	−0.055	0.161	0.099	0.035	−0.031	−0.099	k_{11}	
0.45	k_{12}	−0.564	−0.483	−0.399	−0.313	−0.225	−0.551	−0.469	−0.385	−0.299	−0.211	k_{12}	0.45
	k_{13}	−0.758	−0.618	−0.473	−0.324	−0.170	−0.713	−0.568	−0.420	−0.268	−0.113	k_{13}	
	k_{11}	0.225	0.163	0.099	0.033	−0.036	0.192	0.127	0.060	−0.009	−0.080	k_{11}	
0.50	k_{12}	−0.545	−0.461	−0.374	−0.285	−0.194	−0.532	−0.447	−0.360	−0.271	−0.180	k_{12}	0.50
	k_{13}	−0.770	−0.624	−0.473	−0.318	−0.158	−0.725	−0.574	−0.420	−0.262	−0.101	k_{13}	
	k_{11}	0.256	0.191	0.124	0.055	−0.017	0.223	0.155	0.085	0.013	−0.061	k_{11}	
0.55	k_{12}	−0.526	−0.439	−0.349	−0.257	−0.163	−0.513	−0.425	−0.335	−0.243	−0.149	k_{12}	0.55
	k_{13}	−0.782	−0.630	−0.473	−0.312	−0.146	−0.737	−0.580	−0.420	−0.256	−0.089	k_{13}	
	k_{11}	0.287	0.219	0.149	0.077	0.002	0.254	0.183	0.110	0.035	−0.042	k_{11}	
0.60	k_{12}	−0.507	−0.417	−0.324	−0.229	−0.132	−0.494	−0.403	−0.310	−0.215	−0.118	k_{12}	0.60
	k_{13}	−0.794	−0.636	−0.473	−0.306	−0.134	−0.749	−0.586	−0.420	−0.250	−0.077	k_{13}	
	k_{11}	0.318	0.247	0.174	0.099	0.021	0.285	0.211	0.135	0.057	−0.023	k_{11}	
0.65	k_{12}	−0.488	−0.395	−0.299	−0.201	−0.101	−0.475	−0.381	−0.285	−0.187	−0.087	k_{12}	0.65
	k_{13}	−0.806	−0.642	−0.473	−0.300	−0.122	−0.761	−0.592	−0.420	−0.244	−0.065	k_{13}	

Tabelle V-5a (Fortsetzung)

m		$r = 0.55$					$r = 0.60$						m
		$n = 0.40$	$n = 0.45$	$n = 0.50$	$n = 0.55$	$n = 0.60$	$n = 0.40$	$n = 0.45$	$n = 0.50$	$n = 0.55$	$n = 0.60$		
	k_{11}	0.349	0.275	0.199	0.121	0.040	0.316	0.239	0.160	0.079	-0.004	k_{11}	
0.70	k_{12}	-0.469	-0.373	-0.274	-0.173	-0.070	-0.456	-0.359	-0.260	-0.159	-0.056	k_{12}	0.70
	k_{13}	-0.818	-0.648	-0.473	-0.294	-0.110	-0.773	-0.598	-0.420	-0.238	-0.053	k_{13}	
	k_{11}	0.380	0.303	0.224	0.143	0.059	0.347	0.267	0.185	0.101	0.015	k_{11}	
0.75	k_{12}	-0.450	-0.351	-0.249	-0.145	-0.039	-0.437	-0.337	-0.235	-0.131	-0.025	k_{12}	0.75
	k_{13}	-0.830	-0.654	-0.473	-0.288	-0.098	-0.785	-0.604	-0.420	-0.232	-0.041	k_{13}	
	k_{11}	0.411	0.331	0.249	0.165	0.078	0.378	0.295	0.210	0.123	0.034	k_{11}	
0.80	k_{12}	-0.431	-0.329	-0.224	-0.117	-0.008	-0.418	-0.315	-0.210	-0.103	0.006	k_{12}	0.80
	k_{13}	-0.842	-0.660	-0.473	-0.282	-0.086	-0.797	-0.610	-0.420	-0.226	-0.029	k_{13}	
	k_{11}	0.442	0.359	0.274	0.187	0.097	0.409	0.323	0.235	0.145	0.053	k_{11}	
0.85	k_{12}	-0.412	-0.307	-0.199	-0.089	0.023	-0.399	-0.293	-0.185	-0.075	0.037	k_{12}	0.85
	k_{13}	-0.854	-0.666	-0.473	-0.276	-0.074	-0.809	-0.616	-0.420	-0.220	-0.017	k_{13}	
	k_{11}	0.473	0.387	0.299	0.209	0.116	0.440	0.351	0.260	0.167	0.072	k_{11}	
0.90	k_{12}	-0.393	-0.285	-0.174	-0.061	0.054	-0.380	-0.271	-0.160	-0.047	0.068	k_{12}	0.90
	k_{13}	-0.866	-0.672	-0.473	-0.270	-0.062	-0.821	-0.622	-0.420	-0.214	-0.005	k_{13}	
	k_{11}	0.504	0.415	0.327	0.231	0.135	0.471	0.379	0.285	0.189	0.091	k_{11}	
0.95	k_{12}	-0.374	-0.263	-0.149	-0.033	0.085	-0.361	-0.249	-0.135	-0.019	0.099	k_{12}	0.95
	k_{13}	-0.878	-0.678	-0.473	-0.264	-0.050	-0.833	-0.628	-0.420	-0.208	0.007	k_{13}	
	k_{11}	0.535	0.443	0.349	0.252	0.154	0.502	0.407	0.310	0.211	0.110	k_{11}	
1.00	k_{12}	-0.355	-0.241	-0.124	-0.005	0.116	-0.342	-0.227	-0.110	0.009	0.130	k_{12}	1.00
	k_{13}	-0.890	-0.684	-0.473	-0.258	-0.038	-0.845	-0.634	-0.420	-0.202	0.019	k_{13}	

Tabelle V-5b

Obere Zahl $= k_{11}$; mittlere Zahl $= k_{12}$; untere Zahl $= k_{13}$

m		$r = 0.65$					$r = 0.70$						m
		$n = 0.40$	$n = 0.45$	$n = 0.50$	$n = 0.55$	$n = 0.60$	$n = 0.40$	$n = 0.45$	$n = 0.50$	$n = 0.55$	$n = 0.60$		
	k_{11}	-0.212	-0.245	-0.279	-0.314	-0.351	-0.245	-0.281	-0.318	-0.356	-0.395	k_{11}	
-0.10	k_{12}	-0.748	-0.698	-0.646	-0.593	-0.539	-0.735	-0.684	-0.633	-0.579	-0.525	k_{12}	-0.10
	k_{13}	-0.535	-0.453	-0.368	-0.279	-0.187	-0.490	-0.404	-0.315	-0.224	-0.130	k_{13}	
	k_{11}	-0.181	-0.217	-0.254	-0.292	-0.332	-0.214	-0.253	-0.293	-0.334	-0.376	k_{11}	
-0.05	k_{12}	-0.729	-0.676	-0.621	-0.565	-0.508	-0.716	-0.662	-0.608	-0.551	-0.494	k_{12}	-0.05
	k_{13}	-0.547	-0.459	-0.368	-0.273	-0.175	-0.502	-0.410	-0.315	-0.218	-0.118	k_{13}	
	k_{11}	-0.150	-0.189	-0.229	-0.270	-0.313	-0.183	-0.225	-0.268	-0.312	-0.357	k_{11}	
0	k_{12}	-0.710	-0.654	-0.596	-0.537	-0.477	-0.697	-0.640	-0.583	-0.523	-0.463	k_{12}	0
	k_{13}	-0.559	-0.465	-0.368	-0.267	-0.163	-0.514	-0.416	-0.315	-0.212	-0.106	k_{13}	
	k_{11}	-0.119	-0.161	-0.204	-0.248	-0.294	-0.152	-0.197	-0.243	-0.290	-0.338	k_{11}	
0.05	k_{12}	-0.691	-0.632	-0.571	-0.509	-0.446	-0.678	-0.618	-0.558	-0.495	-0.432	k_{12}	0.05
	k_{13}	-0.571	-0.471	-0.368	-0.261	-0.151	-0.526	-0.422	-0.315	-0.206	-0.094	k_{13}	
	k_{11}	-0.088	-0.133	-0.179	-0.226	-0.275	-0.121	-0.169	-0.218	-0.266	-0.319	k_{11}	
0.10	k_{12}	-0.672	-0.610	-0.546	-0.481	-0.415	-0.659	-0.596	-0.533	-0.467	-0.401	k_{12}	0.10
	k_{13}	-0.583	-0.477	-0.368	-0.255	-0.139	-0.538	-0.428	-0.315	-0.200	-0.082	k_{13}	
	k_{11}	-0.057	-0.105	-0.154	-0.204	-0.256	-0.090	-0.141	-0.193	-0.246	-0.300	k_{11}	
0.15	k_{12}	-0.653	-0.588	-0.521	-0.453	-0.384	-0.640	-0.574	-0.508	-0.439	-0.370	k_{12}	0.15
	k_{13}	-0.595	-0.483	-0.368	-0.249	-0.127	-0.550	-0.434	-0.315	-0.194	-0.070	k_{13}	
	k_{11}	-0.026	-0.077	-0.129	-0.182	-0.237	-0.059	-0.113	-0.168	-0.224	-0.281	k_{11}	
0.20	k_{12}	-0.634	-0.566	-0.496	-0.425	-0.353	-0.621	-0.552	-0.483	-0.411	-0.339	k_{12}	0.20
	k_{13}	-0.607	-0.489	-0.368	-0.243	-0.115	-0.562	-0.440	-0.315	-0.188	-0.058	k_{13}	

Tabelle V-5b (Fortsetzung)

m		$r = 0.65$					$r = 0.70$						m
		$n = 0.40$	$n = 0.45$	$n = 0.50$	$n = 0.55$	$n = 0.60$	$n = 0.40$	$n = 0.45$	$n = 0.50$	$n = 0.55$	$n = 0.60$		
	k_{11}	0.005	-0.049	-0.104	-0.160	-0.218	-0.028	-0.085	-0.143	-0.202	-0.262	k_{11}	
0.25	k_{12}	-0.615	-0.544	-0.471	-0.397	-0.322	-0.602	-0.530	-0.458	-0.383	-0.308	k_{12}	0.25
	k_{13}	-0.619	-0.495	-0.368	-0.237	-0.103	-0.574	-0.446	-0.315	-0.182	-0.046	k_{13}	
	k_{11}	0.036	-0.021	-0.079	-0.138	-0.199	0.003	-0.057	-0.118	-0.180	-0.243	k_{11}	
0.30	k_{12}	-0.596	-0.522	-0.446	-0.369	-0.291	-0.583	-0.508	-0.433	-0.355	-0.277	k_{12}	0.30
	k_{13}	-0.631	-0.501	-0.368	-0.231	-0.091	-0.586	-0.452	-0.315	-0.176	-0.034	k_{13}	
	k_{11}	0.067	0.007	-0.054	-0.116	-0.180	0.034	-0.029	-0.093	-0.158	-0.224	k_{11}	
0.35	k_{12}	-0.577	-0.500	-0.421	-0.341	-0.260	-0.564	-0.486	-0.408	-0.327	-0.246	k_{12}	0.35
	k_{13}	-0.643	-0.507	-0.368	-0.225	-0.080	-0.598	-0.458	-0.315	-0.170	-0.022	k_{13}	
	k_{11}	0.098	0.035	-0.029	-0.094	-0.161	0.065	-0.001	-0.068	-0.136	-0.205	k_{11}	
0.40	k_{12}	-0.558	-0.478	-0.396	-0.313	-0.229	-0.545	-0.464	-0.383	-0.299	-0.215	k_{12}	0.40
	k_{13}	-0.655	-0.513	-0.368	-0.219	-0.067	-0.610	-0.464	-0.315	-0.164	-0.010	k_{13}	
	k_{11}	0.129	0.063	-0.004	-0.072	-0.142	0.096	0.027	-0.043	-0.114	-0.186	k_{11}	
0.45	k_{12}	-0.539	-0.456	-0.371	-0.285	-0.198	-0.526	-0.442	-0.358	-0.271	-0.184	k_{12}	0.45
	k_{13}	-0.667	-0.519	-0.368	-0.213	-0.055	-0.622	-0.470	-0.315	-0.158	0.002	k_{13}	
	k_{11}	0.160	0.091	0.021	-0.050	-0.123	0.127	0.055	-0.018	-0.092	-0.167	k_{11}	
0.50	k_{12}	-0.520	-0.434	-0.346	-0.257	-0.167	-0.507	-0.420	-0.333	-0.243	-0.153	k_{12}	0.50
	k_{13}	-0.679	-0.525	-0.368	-0.207	-0.043	-0.634	-0.476	-0.315	-0.152	0.014	k_{13}	
	k_{11}	0.191	0.119	0.046	-0.028	-0.104	0.158	0.083	0.008	-0.070	-0.148	k_{11}	
0.55	k_{12}	-0.501	-0.412	-0.321	-0.229	-0.136	-0.488	-0.398	-0.308	-0.215	-0.122	k_{12}	0.55
	k_{13}	-0.691	-0.531	-0.368	-0.201	-0.031	-0.646	-0.482	-0.315	-0.146	0.026	k_{13}	
	k_{11}	0.222	0.147	0.071	-0.006	-0.085	0.189	0.111	0.033	-0.048	-0.129	k_{11}	
0.60	k_{12}	-0.482	-0.390	-0.296	-0.201	-0.105	-0.469	-0.376	-0.283	-0.187	-0.091	k_{12}	0.60
	k_{13}	-0.703	-0.537	-0.368	-0.195	-0.019	-0.658	-0.488	-0.315	-0.140	0.038	k_{13}	
	k_{11}	0.253	0.175	0.096	0.016	-0.066	0.220	0.139	0.058	-0.026	-0.110	k_{11}	
0.65	k_{12}	-0.463	-0.368	-0.271	-0.173	-0.074	-0.449	-0.354	-0.258	-0.159	-0.060	k_{12}	0.65
	k_{13}	-0.715	-0.543	-0.368	-0.189	-0.007	-0.670	-0.494	-0.315	-0.134	0.050	k_{13}	
	k_{11}	0.284	0.203	0.121	0.038	-0.047	0.251	0.167	0.083	-0.004	-0.091	k_{11}	
0.70	k_{12}	-0.444	-0.346	-0.246	-0.145	-0.043	-0.431	-0.332	-0.233	-0.131	-0.029	k_{12}	0.70
	k_{13}	-0.727	-0.549	-0.368	-0.183	0.005	-0.682	-0.500	-0.315	-0.128	0.062	k_{13}	
	k_{11}	0.315	0.231	0.146	0.060	-0.028	0.282	0.195	0.108	0.018	-0.072	k_{11}	
0.75	k_{12}	-0.425	-0.324	-0.221	-0.117	-0.012	-0.412	-0.310	-0.208	-0.103	0.002	k_{12}	0.75
	k_{13}	-0.739	-0.555	-0.368	-0.177	0.017	-0.694	-0.506	-0.315	-0.122	0.074	k_{13}	
	k_{11}	0.346	0.259	0.171	0.082	-0.009	0.313	0.223	0.133	0.040	-0.053	k_{11}	
0.80	k_{12}	-0.406	-0.302	-0.196	-0.089	0.019	-0.393	-0.288	-0.183	-0.075	0.033	k_{12}	0.80
	k_{13}	-0.751	-0.561	-0.368	-0.171	0.029	-0.706	-0.512	-0.315	-0.116	0.086	k_{13}	
	k_{11}	0.377	0.287	0.196	0.104	0.010	0.344	0.251	0.158	0.062	-0.034	k_{11}	
0.85	k_{12}	-0.387	-0.280	-0.171	-0.061	0.050	-0.374	-0.266	-0.158	-0.047	0.064	k_{12}	0.85
	k_{13}	-0.763	-0.567	-0.368	-0.165	0.041	-0.718	-0.518	-0.315	-0.110	0.098	k_{13}	
	k_{11}	0.408	0.315	0.221	0.126	0.029	0.375	0.279	0.183	0.084	-0.015	k_{11}	
0.90	k_{12}	-0.368	-0.258	-0.146	-0.033	0.081	-0.355	-0.244	-0.133	-0.019	0.095	k_{12}	0.90
	k_{13}	-0.775	-0.573	-0.368	-0.159	0.053	-0.730	-0.524	-0.315	-0.104	0.110	k_{13}	
	k_{11}	0.439	0.343	0.246	0.148	0.048	0.406	0.307	0.208	0.106	0.004	k_{11}	
0.95	k_{12}	-0.349	-0.236	-0.121	-0.005	0.112	-0.336	-0.222	-0.108	0.009	0.126	k_{12}	0.95
	k_{13}	-0.787	-0.579	-0.368	-0.153	0.065	-0.742	-0.530	-0.315	-0.098	0.122	k_{13}	
	k_{11}	0.470	0.371	0.271	0.170	0.067	0.437	0.335	0.233	0.128	0.023	k_{11}	
1.00	k_{12}	-0.330	-0.214	-0.096	0.023	0.143	-0.317	-0.200	-0.083	0.037	0.157	k_{12}	1.00
	k_{13}	-0.799	-0.585	-0.368	-0.147	0.077	-0.754	-0.536	-0.315	-0.092	0.134	k_{13}	

Tabelle V-5c

Obere Zahl = k_{11}; mittlere Zahl = k_{12}; untere Zahl = k_{13}

m		r = 0.75					r = 0.80						m
		n = 0.40	n = 0.45	n = 0.50	n = 0.55	n = 0.60	n = 0.40	n = 0.45	n = 0.50	n = 0.55	n = 0.60		
	k_{11}	-0.278	-0.317	-0.356	-0.397	-0.439	-0.311	-0.353	-0.395	-0.439	-0.483	k_{11}	
-0.10	k_{12}	-0.722	-0.671	-0.619	-0.565	-0.511	-0.709	-0.658	-0.605	-0.552	-0.497	k_{12}	-0.10
	k_{13}	-0.444	-0.354	-0.263	-0.168	-0.072	-0.398	-0.305	-0.210	-0.113	-0.014	k_{13}	
	k_{11}	-0.247	-0.289	-0.331	-0.375	-0.420	-0.280	-0.325	-0.370	-0.417	-0.464	k_{11}	
-0.05	k_{12}	-0.703	-0.649	-0.594	-0.537	-0.480	-0.690	-0.636	-0.580	-0.524	-0.466	k_{12}	-0.05
	k_{13}	-0.456	-0.360	-0.263	-0.162	-0.060	-0.410	-0.311	-0.210	-0.107	-0.002	k_{13}	
	k_{11}	-0.216	-0.261	-0.306	-0.353	-0.401	-0.249	-0.297	-0.345	-0.395	-0.445	k_{11}	
0	k_{12}	-0.684	-0.627	-0.569	-0.509	-0.449	-0.671	-0.614	-0.555	-0.496	-0.435	k_{12}	0
	k_{13}	-0.468	-0.366	-0.263	-0.156	-0.048	-0.422	-0.317	-0.210	-0.101	0.010	k_{13}	
	k_{11}	-0.185	-0.233	-0.281	-0.331	-0.382	-0.218	-0.269	-0.320	-0.373	-0.426	k_{11}	
0.05	k_{12}	-0.665	-0.605	-0.544	-0.481	-0.418	-0.652	-0.592	-0.530	-0.468	-0.404	k_{12}	0.05
	k_{13}	-0.480	-0.372	-0.263	-0.150	-0.036	-0.434	-0.323	-0.210	-0.095	0.022	k_{13}	
	k_{11}	-0.154	-0.205	-0.256	-0.309	-0.363	-0.187	-0.241	-0.295	-0.351	-0.407	k_{11}	
0.10	k_{12}	-0.646	-0.583	-0.519	-0.453	-0.387	-0.633	-0.570	-0.505	-0.440	-0.373	k_{12}	0.10
	k_{13}	-0.492	-0.378	-0.263	-0.144	-0.024	-0.446	-0.329	-0.210	-0.089	0.034	k_{13}	
	k_{11}	-0.123	-0.177	-0.231	-0.287	-0.344	-0.156	-0.213	-0.270	-0.329	-0.388	k_{11}	
0.15	k_{12}	-0.627	-0.561	-0.494	-0.425	-0.356	-0.614	-0.548	-0.480	-0.412	-0.342	k_{12}	0.15
	k_{13}	-0.504	-0.384	-0.263	-0.138	-0.012	-0.458	-0.335	-0.210	-0.083	0.046	k_{13}	
	k_{11}	-0.092	-0.149	-0.206	-0.265	-0.325	-0.125	-0.185	-0.245	-0.307	-0.369	k_{11}	
0.20	k_{12}	-0.608	-0.539	-0.469	-0.397	-0.325	-0.595	-0.526	-0.455	-0.384	-0.311	k_{12}	0.20
	k_{13}	-0.516	-0.390	-0.263	-0.132	0.000	-0.470	-0.341	-0.210	-0.077	0.058	k_{13}	
	k_{11}	-0.061	-0.121	-0.181	-0.243	-0.306	-0.094	-0.157	-0.220	-0.285	-0.350	k_{11}	
0.25	k_{12}	-0.589	-0.517	-0.444	-0.369	-0.294	-0.576	-0.504	-0.430	-0.356	-0.280	k_{12}	0.25
	k_{13}	-0.528	-0.396	-0.263	-0.126	0.012	-0.482	-0.347	-0.210	-0.071	0.070	k_{13}	
	k_{11}	-0.030	-0.093	-0.156	-0.221	-0.287	-0.063	-0.129	-0.195	-0.262	-0.331	k_{11}	
0.30	k_{12}	-0.570	-0.495	-0.419	-0.341	-0.263	-0.557	-0.482	-0.405	-0.328	-0.249	k_{12}	0.30
	k_{13}	-0.540	-0.402	-0.263	-0.120	0.024	-0.494	-0.353	-0.210	-0.065	0.082	k_{13}	
	k_{11}	0.001	-0.065	-0.131	-0.199	-0.268	-0.032	-0.101	-0.170	-0.241	-0.312	k_{11}	
0.35	k_{12}	-0.551	-0.473	-0.394	-0.313	-0.232	-0.538	-0.460	-0.380	-0.300	-0.218	k_{12}	0.35
	k_{13}	-0.552	-0.408	-0.263	-0.114	0.036	-0.506	-0.359	-0.210	-0.059	0.094	k_{13}	
	k_{11}	0.032	-0.037	-0.106	-0.177	-0.249	-0.001	-0.073	-0.145	-0.219	-0.293	k_{11}	
0.40	k_{12}	-0.532	-0.451	-0.369	-0.285	-0.201	-0.519	-0.438	-0.355	-0.272	-0.187	k_{13}	0.40
	k_{13}	-0.564	-0.414	-0.263	-0.108	0.048	-0.518	-0.365	-0.210	-0.053	0.106	k_{13}	
	k_{11}	0.063	-0.009	-0.081	-0.155	-0.230	0.030	-0.045	-0.120	-0.197	-0.274	k_{11}	
0.45	k_{12}	-0.513	-0.429	-0.344	-0.257	-0.170	-0.500	-0.416	-0.330	-0.244	-0.156	k_{12}	0.45
	k_{13}	-0.576	-0.420	-0.263	-0.102	0.060	-0.530	-0.371	-0.210	-0.047	0.118	k_{13}	
	k_{11}	0.094	0.019	-0.056	-0.133	-0.211	0.061	-0.017	-0.095	-0.175	-0.255	k_{11}	
0.50	k_{12}	-0.494	-0.407	-0.319	-0.229	-0.139	-0.481	-0.394	-0.305	-0.216	-0.125	k_{12}	0.50
	k_{13}	-0.588	-0.426	-0.263	-0.096	0.072	-0.542	-0.377	-0.210	-0.041	0.130	k_{13}	
	k_{11}	0.125	0.047	-0.031	-0.111	-0.192	0.092	0.012	-0.070	-0.153	-0.236	k_{11}	
0.55	k_{12}	-0.475	-0.385	-0.294	-0.201	-0.108	-0.462	-0.372	-0.280	-0.188	-0.094	k_{12}	0.55
	k_{13}	-0.600	-0.432	-0.263	-0.090	0.084	-0.554	-0.383	-0.210	-0.035	0.142	k_{13}	
	k_{11}	0.156	0.075	-0.006	-0.089	-0.173	0.123	0.040	-0.045	-0.131	-0.217	k_{11}	
0.60	k_{12}	-0.456	-0.363	-0.269	-0.173	-0.077	-0.443	-0.350	-0.255	-0.160	-0.063	k_{12}	0.60
	k_{13}	-0.612	-0.438	-0.263	-0.084	0.096	-0.566	-0.389	-0.210	-0.029	0.154	k_{13}	
	k_{11}	0.187	0.103	0.019	-0.067	-0.154	0.154	0.068	-0.020	-0.109	-0.198	k_{11}	
0.65	k_{12}	-0.437	-0.341	-0.244	-0.145	-0.046	-0.424	-0.328	-0.230	-0.132	-0.032	k_{12}	0.65
	k_{13}	-0.624	-0.444	-0.263	-0.078	0.108	-0.578	-0.395	-0.210	-0.023	0.166	k_{13}	

Tabelle V-5c (Fortsetzung)

m		$r = 0.75$					$r = 0.80$						m
		$n = 0.40$	$n = 0.45$	$n = 0.50$	$n = 0.55$	$n = 0.60$	$n = 0.40$	$n = 0.45$	$n = 0.50$	$n = 0.55$	$n = 0.60$		
	k_{11}	0.218	0.131	0.044	– 0.045	– 0.135	0.185	0.096	0.005	– 0.087	– 0.179	k_{11}	
0.70	k_{12}	– 0.418	– 0.319	– 0.219	– 0.117	– 0.015	– 0.405	– 0.306	– 0.205	– 0.104	– 0.001	k_{12}	0.70
	k_{13}	– 0.636	– 0.450	– 0.263	– 0.072	0.120	– 0.590	– 0.401	– 0.210	– 0.017	0.178	k_{13}	
	k_{11}	0.249	0.159	0.069	– 0.023	– 0.116	0.216	0.124	0.030	– 0.065	– 0.160	k_{11}	
0.75	k_{12}	– 0.399	– 0.297	– 0.194	– 0.089	0.016	– 0.386	– 0.284	– 0.180	– 0.076	0.030	k_{12}	0.75
	k_{13}	– 0.648	– 0.456	– 0.263	– 0.066	0.132	– 0.602	– 0.407	– 0.210	– 0.011	0.190	k_{13}	
	k_{11}	0.280	0.187	0.094	– 0.001	– 0.097	0.247	0.152	0.055	– 0.043	– 0.141	k_{11}	
0.80	k_{12}	– 0.380	– 0.275	– 0.169	– 0.061	0.047	– 0.367	– 0.262	– 0.155	– 0.048	0.061	k_{12}	0.80
	k_{13}	– 0.660	– 0.462	– 0.263	– 0.060	0.144	– 0.614	– 0.413	– 0.210	– 0.005	0.202	k_{13}	
	k_{11}	0.311	0.215	0.119	0.021	– 0.078	0.278	0.180	0.080	– 0.021	– 0.122	k_{11}	
0.85	k_{12}	– 0.361	– 0.253	– 0.144	– 0.033	0.078	– 0.348	– 0.240	– 0.130	– 0.020	0.092	k_{12}	0.85
	k_{13}	– 0.672	– 0.468	– 0.263	– 0.054	0.156	– 0.626	– 0.419	– 0.210	0.001	0.214	k_{13}	
	k_{11}	0.342	0.243	0.144	0.043	– 0.059	0.309	0.208	0.105	0.002	– 0.103	k_{11}	
0.90	k_{12}	– 0.342	– 0.231	– 0.119	– 0.005	0.109	– 0.329	– 0.218	– 0.105	0.008	0.123	k_{12}	0.90
	k_{13}	– 0.684	– 0.474	– 0.263	– 0.048	0.168	– 0.638	– 0.425	– 0.210	0.007	0.226	k_{13}	
	k_{11}	0.373	0.271	0.169	0.065	– 0.040	0.340	0.236	0.130	0.024	– 0.084	k_{11}	
0.95	k_{12}	– 0.323	– 0.209	– 0.094	0.023	0.140	– 0.310	– 0.196	– 0.080	0.036	0.154	k_{12}	0.95
	k_{13}	– 0.696	– 0.480	– 0.263	– 0.042	0.180	– 0.650	– 0.431	– 0.210	0.013	0.238	k_{13}	
	k_{11}	0.404	0.299	0.194	0.087	– 0.021	0.371	0.264	0.155	0.046	– 0.065	k_{11}	
1.00	k_{12}	– 0.304	– 0.187	– 0.069	0.051	0.171	– 0.291	– 0.174	– 0.055	0.064	0.185	k_{12}	1.00
	k_{13}	– 0.708	– 0.486	– 0.263	– 0.036	0.192	– 0.662	– 0.437	– 0.210	0.019	0.250	k_{13}	

Tabelle V-5d

Obere Zahl = k_{11}; mittlere Zahl = k_{12}; untere Zahl = k_{13}

m		$r = 0.85$					$r = 0.90$						m
		$n = 0.40$	$n = 0.45$	$n = 0.50$	$n = 0.55$	$n = 0.60$	$n = 0.40$	$n = 0.45$	$n = 0.50$	$n = 0.55$	$n = 0.60$		
	k_{11}	– 0.344	– 0.388	– 0.434	– 0.480	– 0.527	– 0.376	– 0.424	– 0.473	– 0.521	– 0.570	k_{11}	
– 0.10	k_{12}	– 0.696	– 0.644	– 0.591	– 0.538	– 0.483	– 0.684	– 0.631	– 0.578	– 0.524	– 0.470	k_{12}	– 0.10
	k_{13}	– 0.353	– 0.256	– 0.158	– 0.058	0.043	– 0.307	– 0.207	– 0.105	– 0.003	0.101	k_{13}	
	k_{11}	– 0.313	– 0.360	– 0.409	– 0.458	– 0.508	– 0.345	– 0.396	– 0.448	– 0.499	– 0.551	k_{11}	
– 0.05	k_{12}	– 0.677	– 0.622	– 0.566	– 0.510	– 0.452	– 0.665	– 0.609	– 0.553	– 0.496	– 0.439	k_{12}	– 0.05
	k_{13}	– 0.365	– 0.262	– 0.158	– 0.052	0.055	– 0.319	– 0.212	– 0.105	0.003	0.113	k_{13}	
	k_{11}	– 0.282	– 0.332	– 0.384	– 0.436	– 0.489	– 0.314	– 0.368	– 0.423	– 0.477	– 0.532	k_{11}	
0	k_{12}	– 0.658	– 0.600	– 0.541	– 0.482	– 0.421	– 0.646	– 0.587	– 0.528	– 0.468	– 0.408	k_{12}	0
	k_{13}	– 0.377	– 0.268	– 0.158	– 0.046	0.067	– 0.331	– 0.219	– 0.105	0.009	0.125	k_{13}	
	k_{11}	– 0.251	– 0.304	– 0.359	– 0.414	– 0.470	– 0.283	– 0.340	– 0.398	– 0.455	– 0.513	k_{11}	
0.05	k_{12}	– 0.639	– 0.578	– 0.516	– 0.454	– 0.390	– 0.627	– 0.565	– 0.503	– 0.440	– 0.377	k_{12}	0.05
	k_{13}	– 0.389	– 0.274	– 0.158	– 0.040	0.079	– 0.343	– 0.225	– 0.105	0.015	0.137	k_{13}	
	k_{11}	– 0.220	– 0.276	– 0.334	– 0.392	– 0.451	– 0.252	– 0.312	– 0.373	– 0.433	– 0.494	k_{11}	
0.10	k_{12}	– 0.620	– 0.556	– 0.491	– 0.426	– 0.359	– 0.608	– 0.543	– 0.478	– 0.412	– 0.346	k_{12}	0.10
	k_{13}	– 0.401	– 0.280	– 0.158	– 0.034	0.091	– 0.355	– 0.231	– 0.105	0.021	0.149	k_{13}	
	k_{11}	– 0.189	– 0.248	– 0.309	– 0.370	– 0.432	– 0.221	– 0.284	– 0.348	– 0.411	– 0.475	k_{11}	
0.15	k_{12}	– 0.601	– 0.534	– 0.466	– 0.398	– 0.328	– 0.589	– 0.521	– 0.453	– 0.384	– 0.315	k_{12}	0.15
	k_{13}	– 0.413	– 0.286	– 0.158	– 0.028	0.103	– 0.367	– 0.237	– 0.105	0.027	0.161	k_{13}	
	k_{11}	– 0.158	– 0.220	– 0.284	– 0.348	– 0.413	– 0.190	– 0.256	– 0.323	– 0.389	– 0.456	k_{11}	
0.20	k_{12}	– 0.582	– 0.512	– 0.441	– 0.370	– 0.297	– 0.570	– 0.499	– 0.428	– 0.356	– 0.284	k_{12}	0.20
	k_{13}	– 0.425	– 0.292	– 0.158	– 0.022	0.115	– 0.379	– 0.242	– 0.105	0.033	0.173	k_{13}	

Tabelle V-5d (Fortsetzung)

m		$r = 0.85$					$r = 0.90$						m
		$n = 0.40$	$n = 0.45$	$n = 0.50$	$n = 0.55$	$n = 0.60$	$n = 0.40$	$n = 0.45$	$n = 0.50$	$n = 0.55$	$n = 0.60$		
	k_{11}	−0.127	−0.192	−0.259	−0.326	−0.394	−0.159	−0.228	−0.298	−0.367	−0.437	k_{11}	
0.25	k_{12}	−0.563	−0.490	−0.416	−0.342	−0.266	−0.551	−0.477	−0.403	−0.328	−0.253	k_{12}	0.25
	k_{13}	−0.437	−0.298	−0.158	−0.016	0.127	−0.391	−0.249	−0.105	0.039	0.185	k_{13}	
	k_{11}	−0.096	−0.164	−0.234	−0.304	−0.375	−0.128	−0.200	−0.273	−0.345	−0.418	k_{11}	
0.30	k_{12}	−0.544	−0.468	−0.391	−0.314	−0.235	−0.532	−0.455	−0.378	−0.300	−0.222	k_{12}	0.30
	k_{13}	−0.449	−0.304	−0.158	−0.010	0.139	−0.403	−0.255	−0.105	0.045	0.197	k_{13}	
	k_{11}	−0.065	−0.136	−0.209	−0.282	−0.356	−0.097	−0.172	−0.248	−0.323	−0.399	k_{11}	
0.35	k_{12}	−0.525	−0.446	−0.366	−0.286	−0.204	−0.513	−0.433	−0.353	−0.272	−0.191	k_{12}	0.35
	k_{13}	−0.461	−0.310	−0.158	−0.004	0.151	−0.415	−0.261	−0.105	0.051	0.209	k_{13}	
	k_{11}	−0.034	−0.108	−0.184	−0.260	−0.337	−0.066	−0.144	−0.223	−0.301	−0.380	k_{11}	
0.40	k_{12}	−0.506	−0.424	−0.341	−0.258	−0.173	−0.494	−0.411	−0.328	−0.244	−0.160	k_{12}	0.40
	k_{13}	−0.473	−0.316	−0.158	0.002	0.163	−0.427	−0.267	−0.105	0.057	0.221	k_{13}	
	k_{11}	−0.003	−0.080	−0.159	−0.238	−0.318	−0.035	−0.116	−0.198	−0.279	−0.361	k_{11}	
0.45	k_{12}	−0.487	−0.402	−0.316	−0.230	−0.142	−0.475	−0.389	−0.303	−0.216	−0.129	k_{12}	0.45
	k_{13}	−0.485	−0.322	−0.158	0.008	0.175	−0.439	−0.273	−0.105	0.063	0.233	k_{13}	
	k_{11}	0.028	−0.052	−0.134	−0.216	−0.299	−0.004	−0.088	−0.173	−0.257	−0.342	k_{11}	
0.50	k_{12}	−0.468	−0.380	−0.291	−0.202	−0.111	−0.456	−0.367	−0.278	−0.188	−0.098	k_{12}	0.50
	k_{13}	−0.497	−0.328	−0.158	0.014	0.187	−0.451	−0.279	−0.105	0.069	0.245	k_{13}	
	k_{11}	0.059	−0.024	−0.109	−0.194	−0.280	0.027	−0.060	−0.148	−0.235	−0.323	k_{11}	
0.55	k_{12}	−0.449	−0.358	−0.266	−0.174	−0.080	−0.437	−0.345	−0.253	−0.160	−0.067	k_{12}	0.55
	k_{13}	−0.509	−0.334	−0.158	0.020	0.199	−0.463	−0.285	−0.105	0.075	0.257	k_{13}	
	k_{11}	0.090	0.004	−0.084	−0.172	−0.261	0.058	−0.032	−0.123	−0.213	−0.304	k_{11}	
0.60	k_{12}	−0.430	−0.336	−0.241	−0.146	−0.049	−0.418	−0.323	−0.228	−0.132	−0.036	k_{12}	0.60
	k_{13}	−0.521	−0.340	−0.158	0.026	0.211	−0.475	−0.291	−0.105	0.081	0.269	k_{13}	
	k_{11}	0.121	0.032	−0.059	−0.150	−0.242	0.089	−0.004	−0.098	−0.191	−0.285	k_{11}	
0.65	k_{12}	−0.411	−0.314	−0.212	−0.118	−0.018	−0.399	−0.301	−0.203	−0.104	−0.005	k_{12}	0.65
	k_{13}	−0.533	−0.346	−0.158	0.032	0.223	−0.487	−0.297	−0.105	0.087	0.281	k_{13}	
	k_{11}	0.152	0.060	−0.034	−0.128	−0.223	0.120	0.024	−0.073	−0.169	−0.266	k_{11}	
0.70	k_{12}	−0.392	−0.292	−0.191	−0.090	0.013	−0.380	−0.279	−0.178	−0.076	0.026	k_{12}	0.70
	k_{13}	−0.545	−0.352	−0.158	0.038	0.235	−0.499	−0.304	−0.105	0.093	0.293	k_{13}	
	k_{11}	0.183	0.088	−0.009	−0.106	−0.204	0.151	0.052	−0.048	−0.147	−0.247	k_{11}	
0.75	k_{12}	−0.373	−0.270	−0.166	−0.062	0.044	−0.361	−0.257	−0.153	−0.048	0.057	k_{12}	0.75
	k_{13}	−0.557	−0.358	−0.158	0.044	0.247	−0.511	−0.309	−0.105	0.099	0.305	k_{13}	
	k_{11}	0.214	0.116	0.016	−0.084	−0.185	0.182	0.080	−0.023	−0.125	−0.228	k_{11}	
0.80	k_{12}	−0.354	−0.248	−0.141	−0.034	0.075	−0.342	−0.235	−0.128	−0.020	0.088	k_{12}	0.80
	k_{13}	−0.569	−0.364	−0.158	0.050	0.259	−0.523	−0.315	−0.105	0.105	0.317	k_{13}	
	k_{11}	0.245	0.144	0.041	−0.062	−0.166	0.213	0.108	0.003	−0.103	−0.209	k_{11}	
0.85	k_{12}	−0.335	−0.226	−0.116	−0.006	0.106	−0.323	−0.213	−0.103	0.008	0.119	k_{12}	0.85
	k_{13}	−0.581	−0.370	−0.158	0.056	0.271	−0.535	−0.321	−0.105	0.111	0.329	k_{13}	
	k_{11}	0.276	0.172	0.066	−0.040	−0.147	0.244	0.136	0.028	−0.081	−0.190	k_{11}	
0.90	k_{12}	−0.316	−0.204	−0.091	0.022	0.137	−0.304	−0.191	−0.078	0.036	0.150	k_{12}	0.90
	k_{13}	−0.593	−0.376	−0.158	0.062	0.283	−0.547	−0.327	−0.105	0.117	0.341	k_{13}	
	k_{11}	0.307	0.200	0.091	−0.018	−0.128	0.275	0.164	0.053	−0.059	−0.171	k_{11}	
0.95	k_{12}	−0.297	−0.182	−0.066	0.050	0.168	−0.286	−0.169	−0.053	0.064	0.181	k_{12}	0.95
	k_{13}	−0.605	−0.382	−0.158	0.068	0.295	−0.529	−0.333	−0.105	0.123	0.353	k_{13}	
	k_{11}	0.338	0.228	0.116	0.004	−0.109	0.306	0.192	0.078	−0.037	−0.152	k_{11}	
1.00	k_{12}	−0.278	−0.160	−0.041	0.078	0.199	−0.266	−0.147	−0.028	0.092	0.212	k_{12}	1.00
	k_{13}	−0.617	−0.388	−0.158	0.074	0.307	−0.571	−0.339	−0.105	0.129	0.365	k_{13}	

Tabelle V-5e

Obere Zahl = k_{11}; mittlere Zahl = k_{12}; untere Zahl = k_{13}

m		r = 0.95					r = 1.00						m
		n = 0.40	n = 0.45	n = 0.50	n = 0.55	n = 0.60	n = 0.40	n = 0.45	n = 0.50	n = 0.55	n = 0.60		
	k_{11}	−0.409	−0.460	−0.511	−0.563	−0.614	−0.442	−0.496	−0.550	−0.604	−0.658	k_{11}	
−0.10	k_{12}	−0.671	−0.617	−0.564	−0.510	−0.456	−0.658	−0.604	−0.550	−0.496	−0.442	k_{12}	−0.10
	k_{13}	−0.262	−0.157	−0.053	0.053	0.158	−0.216	−0.108	0.000	0.108	0.216	k_{13}	
	k_{11}	−0.378	−0.432	−0.486	−0.541	−0.595	−0.411	−0.468	−0.525	−0.582	−0.639	k_{11}	
−0.05	k_{12}	−0.652	−0.595	−0.539	−0.482	−0.425	−0.639	−0.582	−0.525	−0.468	−0.411	k_{12}	−0.05
	k_{13}	−0.274	−0.163	−0.053	0.059	0.170	−0.228	−0.114	0.000	0.114	0.228	k_{13}	
	k_{11}	−0.347	−0.404	−0.461	−0.519	−0.576	−0.380	−0.440	−0.500	−0.560	−0.620	k_{11}	
0.00	k_{12}	−0.633	−0.573	−0.514	−0.454	−0.394	−0.620	−0.560	−0.500	−0.440	−0.380	k_{12}	0.00
	k_{13}	−0.286	−0.169	−0.053	0.065	0.182	−0.240	−0.120	0.000	0.120	0.240	k_{13}	
	k_{11}	−0.316	−0.376	−0.436	−0.497	−0.557	−0.349	−0.412	−0.475	−0.538	−0.601	k_{11}	
0.05	k_{12}	−0.614	−0.551	−0.489	−0.426	−0.363	−0.601	−0.538	−0.475	−0.412	−0.349	k_{12}	0.05
	k_{13}	−0.298	−0.175	−0.053	0.071	0.194	−0.252	−0.126	0.000	0.126	0.252	k_{13}	
	k_{11}	−0.285	−0.348	−0.411	−0.475	−0.538	−0.318	−0.384	−0.450	−0.516	−0.582	k_{11}	
0.10	k_{12}	−0.595	−0.529	−0.464	−0.398	−0.332	−0.582	−0.516	−0.450	−0.384	−0.318	k_{12}	0.10
	k_{13}	−0.310	−0.181	−0.053	0.077	0.206	−0.264	−0.132	0.000	0.132	0.264	k_{13}	
	k_{11}	−0.254	−0.320	−0.386	−0.453	−0.519	−0.287	−0.356	−0.425	−0.494	−0.563	k_{11}	
0.15	k_{12}	−0.576	−0.507	−0.439	−0.370	−0.301	−0.563	−0.494	−0.425	−0.356	−0.287	k_{12}	0.15
	k_{13}	−0.322	−0.187	−0.053	0.083	0.218	−0.276	−0.138	0.000	0.138	0.276	k_{13}	
	k_{11}	−0.223	−0.292	−0.361	−0.431	−0.500	−0.256	−0.328	−0.400	−0.472	−0.544	k_{11}	
0.20	k_{12}	−0.557	−0.485	−0.414	−0.342	−0.270	−0.544	−0.472	−0.400	−0.328	−0.256	k_{12}	0.20
	k_{13}	−0.334	−0.193	−0.053	0.089	0.230	−0.288	−0.144	0.000	0.144	0.288	k_{13}	
	k_{11}	−0.192	−0.264	−0.336	−0.409	−0.481	−0.225	−0.300	−0.375	−0.450	−0.525	k_{11}	
0.25	k_{12}	−0.536	−0.463	−0.389	−0.314	−0.239	−0.525	−0.450	−0.375	−0.300	−0.225	k_{12}	0.25
	k_{13}	−0.346	−0.193	−0.053	0.095	0.242	−0.300	−0.150	0.000	0.150	0.300	k_{13}	
	k_{11}	−0.161	−0.236	−0.311	−0.387	−0.462	−0.194	−0.272	−0.350	−0.428	−0.506	k_{11}	
0.30	k_{12}	−0.519	−0.441	−0.364	−0.283	−0.208	−0.506	−0.428	−0.350	−0.272	−0.194	k_{12}	0.30
	k_{13}	−0.358	−0.205	−0.053	0.101	0.254	−0.312	−0.156	0.000	0.156	0.312	k_{13}	
	k_{11}	−0.130	−0.208	−0.286	−0.365	−0.443	−0.163	−0.244	−0.325	−0.406	−0.487	k_{11}	
0.35	k_{12}	−0.500	−0.419	−0.339	−0.258	−0.177	−0.487	−0.406	−0.325	−0.244	−0.163	k_{12}	0.35
	k_{13}	−0.370	−0.211	−0.053	0.107	0.266	−0.324	−0.162	0.000	0.162	0.324	k_{13}	
	k_{11}	−0.099	−0.180	−0.261	−0.343	−0.424	−0.132	−0.216	−0.300	−0.384	−0.468	k_{11}	
0.40	k_{12}	−0.481	−0.397	−0.314	−0.230	−0.146	−0.468	−0.384	−0.300	−0.216	−0.132	k_{12}	0.40
	k_{13}	−0.382	−0.217	−0.053	0.113	0.278	−0.336	−0.168	0.000	0.168	0.336	k_{13}	
	k_{11}	−0.068	−0.152	−0.236	−0.321	−0.405	−0.101	−0.188	−0.275	−0.362	−0.449	k_{11}	
0.45	k_{12}	−0.462	−0.375	−0.289	−0.202	−0.115	−0.449	−0.362	−0.275	−0.188	−0.101	k_{12}	0.45
	k_{13}	−0.394	−0.223	−0.053	0.119	0.290	−0.348	−0.174	0.000	0.174	0.348	k_{13}	
	k_{11}	−0.037	−0.124	−0.211	−0.299	−0.386	−0.070	−0.160	−0.250	−0.340	−0.430	k_{11}	
0.50	k_{12}	−0.443	−0.353	−0.264	−0.174	−0.084	−0.430	−0.340	−0.250	−0.160	−0.070	k_{12}	0.50
	k_{13}	−0.406	−0.229	−0.053	0.125	0.302	−0.360	−0.180	0.000	0.180	0.360	k_{13}	
	k_{11}	−0.006	−0.096	−0.186	−0.277	−0.367	−0.039	−0.132	−0.225	−0.318	−0.411	k_{11}	
0.55	k_{12}	−0.424	−0.331	−0.239	−0.146	−0.053	−0.411	−0.318	−0.225	−0.132	0.039	k_{12}	0.55
	k_{13}	−0.418	−0.235	−0.053	0.131	0.314	−0.372	−0.186	0.000	0.186	0.372	k_{13}	
	k_{11}	0.025	−0.068	−0.161	−0.255	−0.348	−0.008	−0.104	−0.200	−0.296	−0.392	k_{11}	
0.60	k_{12}	−0.405	−0.309	−0.214	−0.118	−0.022	−0.392	−0.296	−0.200	−0.104	−0.008	k_{12}	0.60
	k_{13}	−0.430	−0.241	−0.053	0.137	0.326	−0.384	−0.192	0.000	0.192	0.384	k_{13}	
	k_{11}	0.056	−0.040	−0.136	−0.233	−0.329	0.023	−0.076	−0.175	−0.274	−0.373	k_{11}	
0.65	k_{12}	−0.386	−0.287	−0.189	−0.090	0.009	−0.373	−0.274	−0.175	−0.076	0.023	k_{12}	0.65
	k_{13}	−0.442	−0.247	−0.053	0.143	0.338	−0.396	−0.198	0.000	0.198	0.396	k_{13}	

Tabelle V-5e (Fortsetzung)

m	$r = 0.95$					$r = 1.00$					m
	$n = 0.40$	$n = 0.45$	$n = 0.50$	$n = 0.55$	$n = 0.60$	$n = 0.40$	$n = 0.45$	$n = 0.50$	$n = 0.55$	$n = 0.60$	
k_{11}	0.087	−0.012	−0.111	−0.211	−0.291	0.054	−0.048	−0.150	−0.252	−0.354	k_{11}
0.70 k_{12}	−0.367	−0.265	−0.164	−0.062	0.040	−0.354	−0.252	−0.150	−0.048	0.054	k_{12} 0.70
k_{13}	−0.454	−0.253	−0.053	0.149	0.350	−0.408	−0.204	0.000	0.204	0.408	k_{13}
k_{11}	0.118	0.016	−0.086	−0.189	−0.272	0.085	−0.020	−0.125	−0.230	−0.335	k_{11}
0.75 k_{12}	−0.348	−0.243	−0.139	−0.034	0.071	−0.335	−0.230	−0.125	−0.020	0.085	k_{12} 0.75
k_{13}	−0.466	−0.259	−0.053	0.155	0.362	−0.420	−0.210	0.000	0.210	0.420	k_{13}
k_{11}	0.149	0.044	−0.061	−0.167	−0.253	−0.116	0.008	−0.100	−0.208	−0.316	k_{11}
0.80 k_{12}	−0.329	−0.221	−0.114	−0.006	0.102	−0.316	−0.208	−0.100	0.008	0.116	k_{12} 0.80
k_{13}	−0.478	−0.265	−0.053	0.161	0.374	−0.432	−0.216	0.000	0.216	0.432	k_{13}
k_{11}	0.180	0.072	−0.036	−0.145	−0.234	0.147	0.036	−0.075	−0.186	−0.297	k_{11}
0.85 k_{12}	−0.310	−0.199	−0.089	0.022	0.133	−0.297	−0.186	−0.075	0.036	0.147	k_{12} 0.85
k_{13}	−0.490	−0.271	−0.053	0.167	0.386	−0.444	−0.222	0.000	0.222	0.444	k_{13}
k_{11}	0.211	0.100	−0.011	−0.123	−0.215	0.178	0.064	−0.050	−0.164	−0.278	k_{11}
0.90 k_{12}	−0.291	−0.177	−0.064	0.050	0.164	−0.278	−0.164	−0.050	0.064	0.178	k_{12} 0.90
k_{13}	−0.502	−0.277	−0.053	0.173	0.398	−0.456	−0.228	0.000	0.228	0.456	k_{13}
k_{11}	0.242	0.128	0.014	−0.101	−0.196	0.209	0.092	−0.025	−0.142	−0.259	k_{11}
0.95 k_{12}	−0.271	−0.155	−0.039	0.078	0.195	−0.259	−0.142	−0.025	0.092	0.209	k_{12} 0.95
k_{13}	−0.514	−0.283	−0.053	0.179	0.410	−0.468	−0.234	0.000	0.234	0.468	k_{13}
k_{11}	0.273	0.156	0.039	−0.079	−0.177	0.240	0.120	0.000	−0.120	−0.240	k_{11}
1.00 k_{12}	−0.253	−0.133	−0.014	0.106	0.226	−0.240	−0.120	0.000	0.120	0.240	k_{12} 1.00
k_{13}	−0.526	−0.289	−0.053	0.185	0.422	−0.480	−0.240	0.000	0.240	0.480	k_{13}

Tabelle V-5f

Obere Zahl $= k_{14}$; untere Zahl $= k_{15}$

m	$r = 0.55$					$r = 0.60$					m
	$n = 0.40$	$n = 0.45$	$n = 0.50$	$n = 0.55$	$n = 0.60$	$n = 0.40$	$n = 0.45$	$n = 0.50$	$n = 0.55$	$n = 0.55$	
−0.10 k_{14}	0.178	0.178	0.179	0.181	0.182	0.187	0.188	0.190	0.192	0.195	k_{14} −0.10
k_{15}	0.282	0.270	0.258	0.246	0.233	0.283	0.272	0.260	0.248	0.235	k_{15}
−0.05 k_{14}	0.164	0.165	0.167	0.169	0.171	0.173	0.175	0.178	0.180	0.183	k_{14} −0.05
k_{15}	0.271	0.258	0.246	0.233	0.219	0.272	0.260	0.248	0.235	0.222	k_{15}
0.0 k_{14}	0.151	0.152	0.154	0.157	0.159	0.160	0.162	0.165	0.168	0.172	k_{14} 0.0
k_{15}	0.259	0.246	0.233	0.220	0.206	0.260	0.248	0.235	0.222	0.208	k_{15}
0.05 k_{14}	0.137	0.139	0.142	0.145	0.148	0.146	0.149	0.153	0.156	0.160	k_{14} 0.05
k_{15}	0.248	0.234	0.221	0.207	0.192	0.249	0.236	0.223	0.209	0.195	k_{15}
0.10 k_{14}	0.124	0.126	0.129	0.133	0.136	0.133	0.136	0.140	0.144	0.149	k_{14} 0.10
k_{15}	0.236	0.222	0.208	0.194	0.179	0.237	0.224	0.210	0.196	0.181	k_{15}
0.15 k_{14}	0.110	0.113	0.117	0.121	0.125	0.119	0.123	0.128	0.132	0.137	k_{14}
k_{15}	0.225	0.210	0.196	0.181	0.165	0.226	0.212	0.198	0.183	0.168	k_{15} 0.15
0.20 k_{14}	0.097	0.100	0.104	0.109	0.113	0.106	0.110	0.115	0.120	0.126	k_{14} 0.20
k_{15}	0.213	0.198	0.183	0.168	0.152	0.214	0.200	0.185	0.170	0.154	k_{15}
0.25 k_{14}	0.083	0.087	0.092	0.097	0.102	0.092	0.097	0.103	0.108	0.114	k_{14} 0.25
k_{15}	0.202	0.186	0.171	0.155	0.138	0.203	0.188	0.173	0.157	0.141	k_{15}
0.30 k_{14}	0.070	0.074	0.079	0.085	0.090	0.079	0.084	0.090	0.096	0.103	k_{14} 0.30
k_{15}	0.190	0.174	0.158	0.142	0.125	0.191	0.176	0.160	0.144	0.127	k_{15}

Tabelle V-5f (Fortsetzung)

m		r = 0.55					r = 0.60						m
		n = 0.40	n = 0.45	n = 0.50	n = 0.55	n = 0.60	n = 0.40	n = 0.45	n = 0.50	n = 0.55	n = 0.60		
0.35	k_{14}	0.056	0.061	0.067	0.073	0.079	0.065	0.071	0.078	0.084	0.091	k_{14}	0.35
	k_{15}	0.179	0.162	0.146	0.129	0.111	0.180	0.164	0.148	0.131	0.114	k_{15}	
0.40	k_{14}	0.043	0.048	0.054	0.061	0.067	0.052	0.058	0.065	0.072	0.080	k_{14}	0.40
	k_{15}	0.167	0.150	0.133	0.116	0.098	0.168	0.152	0.135	0.118	0.100	k_{15}	
0.45	k_{14}	0.029	0.035	0.042	0.049	0.056	0.038	0.045	0.053	0.060	0.068	k_{14}	0.45
	k_{15}	0.156	0.138	0.121	0.103	0.084	0.157	0.140	0.123	0.105	0.087	k_{15}	
0.50	k_{14}	0.016	0.022	0.029	0.037	0.044	0.025	0.032	0.040	0.482	0.057	k_{14}	0.50
	k_{15}	0.144	0.126	0.108	0.090	0.071	0.145	0.128	0.110	0.092	0.073	k_{15}	
0.55	k_{14}	0.002	0.009	0.017	0.025	0.033	0.011	0.019	0.028	0.036	0.045	k_{14}	0.55
	k_{15}	0.133	0.114	0.096	0.077	0.057	0.134	0.116	0.098	0.079	0.060	k_{15}	
0.60	k_{14}	−0.011	−0.004	0.004	0.013	0.021	−0.002	0.006	0.015	0.024	0.034	k_{14}	0.60
	k_{15}	0.121	0.102	0.083	0.064	0.044	0.122	0.104	0.085	0.066	0.046	k_{15}	
0.65	k_{14}	−0.025	−0.017	−0.008	0.001	0.010	−0.016	−0.007	0.003	0.012	0.022	k_{14}	0.65
	k_{15}	0.110	0.090	0.071	0.051	0.030	0.111	0.092	0.073	0.053	0.033	k_{15}	
0.70	k_{14}	−0.038	−0.030	−0.021	−0.011	−0.002	−0.029	−0.020	−0.010	0.000	0.011	k_{14}	0.70
	k_{15}	0.098	0.078	0.058	0.038	0.017	0.099	0.080	0.060	0.040	0.019	k_{15}	
0.75	k_{14}	−0.052	−0.043	−0.033	−0.023	−0.013	−0.043	−0.033	−0.023	−0.012	−0.001	k_{14}	0.75
	k_{15}	0.087	0.066	0.046	0.025	0.003	0.088	0.068	0.048	0.027	0.006	k_{15}	
0.80	k_{14}	−0.065	−0.056	−0.046	−0.035	−0.025	−0.056	−0.046	−0.035	−0.024	−0.012	k_{14}	0.80
	k_{15}	0.075	0.054	0.033	0.012	−0.010	0.076	0.056	0.035	0.014	−0.008	k_{15}	
0.85	k_{14}	−0.079	−0.069	−0.058	−0.047	−0.036	−0.070	−0.059	−0.048	−0.036	−0.024	k_{14}	0.85
	k_{15}	0.064	0.042	0.021	−0.001	−0.024	0.065	0.044	0.023	0.001	−0.021	k_{15}	
0.90	k_{14}	−0.092	−0.082	−0.071	−0.059	−0.048	−0.083	−0.072	−0.060	−0.048	−0.035	k_{14}	0.90
	k_{15}	0.052	0.030	0.008	−0.014	−0.037	0.053	0.032	0.010	−0.012	−0.035	k_{15}	
0.95	k_{14}	−0.106	−0.095	−0.083	−0.071	−0.059	−0.097	−0.085	−0.073	−0.060	−0.047	k_{14}	0.95
	k_{15}	0.041	0.018	0.004	−0.027	−0.051	0.042	0.020	−0.003	−0.025	−0.048	k_{15}	
1.00	k_{14}	−0.119	−0.108	−0.096	−0.083	−0.071	−0.110	−0.098	−0.085	−0.072	−0.058	k_{14}	1.00
	k_{15}	0.029	0.006	0.017	−0.040	−0.064	0.030	0.008	−0.015	−0.038	−0.062	k_{15}	

Tabelle V-5g

Obere Zahl = k_{14}; untere Zahl = k_{15}

m		r = 0.65					r = 0.70						m
		n = 0.40	n = 0.45	n = 0.50	n = 0.55	n = 0.60	n = 0.40	n = 0.45	n = 0.50	n = 0.55	n = 0.60		
−0.10	k_{14}	0.195	0.198	0.201	0.204	0.207	0.204	0.208	0.211	0.215	0.219	k_{14}	−0.10
	k_{15}	0.285	0.273	0.262	0.250	0.238	0.286	0.275	0.264	0.252	0.241	k_{15}	
−0.05	k_{14}	0.182	0.185	0.188	0.192	0.195	0.191	0.195	0.199	0.203	0.208	k_{14}	−0.05
	k_{15}	0.273	0.261	0.249	0.237	0.225	0.274	0.263	0.251	0.239	0.227	k_{15}	
0.00	k_{14}	0.168	0.172	0.176	0.180	0.184	0.177	0.182	0.186	0.191	0.196	k_{14}	0.00
	k_{15}	0.262	0.249	0.237	0.224	0.211	0.263	0.251	0.239	0.226	0.214	k_{15}	
0.05	k_{14}	0.155	0.159	0.163	0.168	0.172	0.164	0.169	0.174	0.179	0.185	k_{14}	0.05
	k_{15}	0.250	0.237	0.224	0.211	0.198	0.251	0.239	0.226	0.213	0.200	k_{15}	
0.10	k_{14}	0.141	0.046	0.151	0.156	0.161	0.150	0.156	0.161	0.167	0.173	k_{14}	0.10
	k_{15}	0.239	0.225	0.212	0.198	0.184	0.240	0.227	0.214	0.200	0.187	k_{15}	

Tabelle V-5g (Fortsetzung)

m		$r = 0.65$					$r = 0.70$						m
		$n = 0.40$	$n = 0.45$	$n = 0.50$	$n = 0.55$	$n = 0.60$	$n = 0.40$	$n = 0.45$	$n = 0.50$	$n = 0.55$	$n = 0.60$		
0.15	k_{14}	0.128	0.133	0.138	0.144	0.149	0.137	0.143	0.149	0.155	0.162	k_{14}	0.15
	k_{15}	0.227	0.213	0.199	0.185	0.171	0.228	0.215	0.201	0.187	0.173	k_{15}	
0.20	k_{14}	0.114	0.120	0.126	0.132	0.138	0.123	0.130	0.136	0.143	0.150	k_{14}	0.20
	k_{15}	0.216	0.201	0.187	0.172	0.157	0.217	0.203	0.189	0.174	0.160	k_{15}	
0.25	k_{14}	0.101	0.107	0.113	0.120	0.126	0.110	0.117	0.124	0.131	0.139	k_{14}	0.25
	k_{15}	0.204	0.189	0.174	0.159	0.144	0.205	0.191	0.176	0.161	0.146	k_{15}	
0.30	k_{14}	0.087	0.094	0.101	0.108	0.115	0.096	0.104	0.111	0.119	0.127	k_{14}	0.30
	k_{15}	0.193	0.177	0.162	0.146	0.130	0.194	0.179	0.164	0.148	0.133	k_{15}	
0.35	k_{14}	0.074	0.081	0.088	0.096	0.103	0.083	0.091	0.099	0.107	0.116	k_{14}	0.35
	k_{15}	0.181	0.165	0.149	0.133	0.117	0.182	0.167	0.151	0.135	0.119	k_{15}	
0.40	k_{14}	0.060	0.068	0.076	0.084	0.092	0.069	0.078	0.086	0.095	0.104	k_{14}	0.40
	k_{15}	0.170	0.153	0.137	0.120	0.103	0.171	0.155	0.139	0.122	0.106	k_{15}	
0.45	k_{14}	0.047	0.055	0.063	0.072	0.080	0.056	0.065	0.074	0.083	0.093	k_{14}	0.45
	k_{15}	0.158	0.141	0.124	0.107	0.090	0.159	0.143	0.126	0.109	0.092	k_{15}	
0.50	k_{14}	0.033	0.042	0.051	0.060	0.069	0.042	0.052	0.061	0.071	0.081	k_{14}	0.50
	k_{15}	0.147	0.129	0.112	0.094	0.076	0.148	0.131	0.114	0.096	0.079	k_{15}	
0.55	k_{14}	0.020	0.029	0.038	0.048	0.057	0.029	0.039	0.049	0.059	0.070	k_{14}	0.55
	k_{15}	0.135	0.117	0.099	0.081	0.063	0.136	0.119	0.101	0.083	0.065	k_{15}	
0.60	k_{14}	0.006	0.016	0.026	0.036	0.046	0.015	0.026	0.036	0.047	0.058	k_{14}	0 60
	k_{15}	0.124	0.105	0.087	0.068	0.049	0.125	0.107	0.089	0.070	0.052	k_{15}	
0.65	k_{14}	-0.007	0.003	0.013	0.024	0.034	0.002	0.013	0.024	0.035	0.047	k_{14}	0.65
	k_{15}	0.112	0.093	0.074	0.055	0.036	0.113	0.095	0.076	0.057	0.038	k_{15}	
0.70	k_{14}	-0.021	-0.010	0.001	0.012	0.023	-0.012	0.000	0.011	0.023	0.035	k_{14}	0.70
	k_{15}	0.101	0.081	0.062	0.042	0.022	0.102	0.083	0.064	0.044	0.025	k_{15}	
0.75	k_{14}	-0.034	-0.023	-0.012	-0.000	0.011	-0.025	-0.013	-0.001	0.011	0.024	k_{14}	0.75
	k_{15}	0.089	0.069	0.049	0.029	0.009	0.090	0.071	0.051	0.031	0.011	k_{15}	
0.80	k_{14}	-0.048	-0.036	-0.024	-0.012	0.000	-0.039	-0.026	-0.014	-0.001	0.012	k_{14}	0.80
	k_{15}	0.078	0.057	0.037	0.016	-0.005	0.079	0.059	0.039	0.018	-0.002	k_{15}	
0.85	k_{14}	-0.061	-0.049	-0.037	-0.024	-0.012	-0.052	-0.039	-0.026	-0.013	0.001	k_{14}	0.85
	k_{15}	0.066	0.045	0.024	0.003	-0.018	0.067	0.047	0.026	0.005	-0.016	k_{15}	
0.90	k_{14}	-0.075	-0.062	-0.049	-0.036	-0.023	-0.066	-0.052	-0.039	-0.025	-0.011	k_{14}	0.90
	k_{15}	0.055	0.033	0.012	-0.010	-0.032	0.056	0.035	0.014	-0.008	-0.029	k_{15}	
0.95	k_{14}	-0.089	-0.075	-0.062	-0.048	-0.035	-0.079	-0.065	-0.051	-0.037	-0.022	k_{14}	0.95
	k_{15}	0.043	0.021	-0.001	-0.023	-0.045	0.044	0.023	0.001	-0.021	-0.043	k_{15}	
1.00	k_{14}	-0.102	-0.088	-0.074	-0.060	-0.046	-0.093	-0.078	-0.064	-0.049	-0.034	k_{14}	1.00
	k_{15}	0.032	0.009	-0.013	-0.036	-0.059	0.033	0.011	-0.011	-0.034	-0.056	k_{15}	

Tabelle V-5h

Obere Zahl = k_{14}; untere Zahl = k_{15}

m		$r = 0.75$					$r = 0.80$						m
		$n = 0.40$	$n = 0.45$	$n = 0.50$	$n = 0.55$	$n = 0.60$	$n = 0.40$	$n = 0.45$	$n = 0.50$	$n = 0.55$	$n = 0.60$		
−0.10	k_{14}	0.213	0.217	0.222	0.227	0.232	0.222	0.227	0.233	0.238	0.244	k_{14}	−0.10
	k_{15}	0.287	0.276	0.266	0.255	0.244	0.288	0.278	0.268	0.257	0.246	k_{15}	
−0.05	k_{14}	0.200	0.204	0.209	0.215	0.220	0.208	0.214	0.220	0.226	0.232	k_{14}	−0.05
	k_{15}	0.276	0.264	0.253	0.242	0.230	0.277	0.266	0.255	0.244	0.233	k_{15}	
0.00	k_{14}	0.186	0.191	0.197	0.203	0.209	0.195	0.201	0.208	0.214	0.221	k_{14}	0.00
	k_{15}	0.264	0.252	0.241	0.229	0.217	0.265	0.254	0.243	0.231	0.219	k_{15}	
0.05	k_{14}	0.173	0.178	0.184	0.191	0.197	0.181	0.188	0.195	0.202	0.209	k_{14}	0.05
	k_{15}	0.253	0.240	0.228	0.216	0.203	0.254	0.242	0.230	0.218	0.206	k_{15}	
0.10	k_{14}	0.159	0.165	0.172	0.179	0.186	0.168	0.175	0.183	0.190	0.198	k_{14}	0.10
	k_{15}	0.241	0.228	0.216	0.203	0.190	0.242	0.230	0.218	0.205	0.192	k_{15}	
0.15	k_{14}	0.146	0.152	0.159	0.167	0.174	0.154	0.162	0.170	0.178	0.186	k_{14}	0.15
	k_{15}	0.230	0.216	0.203	0.190	0.176	0.231	0.218	0.205	0.192	0.179	k_{15}	
0.20	k_{14}	0.132	0.139	0.147	0.155	0.163	0.141	0.149	0.158	0.166	0.175	k_{14}	0.20
	k_{15}	0.218	0.204	0.191	0.177	0.163	0.219	0.206	0.193	0.179	0.165	k_{15}	
0.25	k_{14}	0.119	0.126	0.134	0.143	0.151	0.127	0.136	0.145	0.154	0.163	k_{14}	0.25
	k_{15}	0.207	0.192	0.178	0.164	0.149	0.208	0.194	0.180	0.166	0.152	k_{15}	
0.30	k_{14}	0.105	0.113	0.122	0.131	0.140	0.114	0.123	0.133	0.142	0.152	k_{14}	0.30
	k_{15}	0.195	0.180	0.166	0.151	0.136	0.196	0.182	0.168	0.153	0.138	k_{15}	
0.35	k_{14}	0.092	0.100	0.109	0.119	0.128	0.100	0.110	0.120	0.130	0.140	k_{14}	0.35
	k_{15}	0.184	0.168	0.153	0.138	0.122	0.185	0.170	0.155	0.140	0.125	k_{15}	
0.40	k_{14}	0.078	0.087	0.097	0.107	0.117	0.087	0.097	0.108	0.118	0.129	k_{14}	0.40
	k_{15}	0.172	0.156	0.141	0.125	0.109	0.173	0.158	0.143	0.127	0.111	k_{15}	
0.45	k_{14}	0.065	0.074	0.084	0.095	0.105	0.073	0.084	0.095	0.106	0.117	k_{14}	0.45
	k_{15}	0.161	0.144	0.128	0.112	0.095	0.162	0.146	0.130	0.114	0.098	k_{15}	
0.50	k_{14}	0.051	0.061	0.072	0.083	0.094	0.060	0.071	0.083	0.094	0.106	k_{14}	0.50
	k_{15}	0.149	0.132	0.116	0.099	0.082	0.150	0.134	0.118	0.101	0.084	k_{15}	
0.55	k_{14}	0.038	0.048	0.059	0.071	0.082	0.046	0.058	0.070	0.082	0.094	k_{14}	0.55
	k_{15}	0.138	0.120	0.103	0.086	0.068	0.139	0.122	0.105	0.088	0.071	k_{15}	
0.60	k_{14}	0.024	0.035	0.047	0.059	0.071	0.033	0.045	0.058	0.070	0.083	k_{14}	0.60
	k_{15}	0.126	0.108	0.091	0.073	0.055	0.127	0.110	0.093	0.075	0.057	k_{15}	
0.65	k_{14}	0.011	0.022	0.034	0.047	0.059	0.019	0.032	0.045	0.058	0.071	k_{14}	0.65
	k_{15}	0.115	0.096	0.078	0.060	0.041	0.116	0.098	0.080	0.062	0.044	k_{15}	
0.70	k_{14}	−0.003	0.009	0.022	0.035	0.048	0.006	0.019	0.033	0.046	0.060	k_{14}	0.70
	k_{15}	0.103	0.084	0.066	0.047	0.028	0.104	0.086	0.068	0.049	0.030	k_{15}	
0.75	k_{14}	−0.017	−0.004	0.009	0.023	0.036	−0.008	0.006	0.020	0.034	0.048	k_{14}	0.75
	k_{15}	0.092	0.072	0.053	0.034	0.014	0.093	0.074	0.055	0.036	0.017	k_{15}	
0.80	k_{14}	−0.030	−0.017	−0.003	0.011	0.025	−0.021	−0.007	0.008	0.022	0.037	k_{14}	0.80
	k_{15}	0.080	0.060	0.041	0.021	0.001	0.081	0.062	0.043	0.023	0.003	k_{15}	
0.85	k_{14}	−0.044	−0.030	−0.016	−0.001	0.013	−0.035	−0.020	−0.005	0.010	0.025	k_{14}	0.85
	k_{15}	0.069	0.048	0.028	0.008	−0.013	0.070	0.050	0.030	0.010	−0.010	k_{15}	
0.90	k_{14}	−0.057	−0.043	−0.028	−0.013	0.002	−0.048	−0.033	−0.018	−0.002	0.014	k_{14}	0.90
	k_{15}	0.057	0.036	0.016	−0.005	−0.027	0.058	0.038	0.018	−0.003	−0.024	k_{15}	
0.95	k_{14}	−0.071	−0.056	−0.041	−0.025	−0.010	−0.062	−0.046	−0.030	−0.014	0.002	k_{14}	0.95
	k_{15}	0.046	0.024	0.003	−0.018	−0.040	0.047	0.026	0.005	−0.016	−0.037	k_{15}	
1.00	k_{14}	−0.084	−0.069	−0.053	−0.037	−0.022	−0.075	−0.059	−0.043	−0.026	−0.009	k_{14}	1.00
	k_{15}	0.034	0.012	−0.009	−0.031	−0.054	0.035	0.014	−0.008	−0.029	−0.051	k_{15}	

Tabelle V-5i

Obere Zahl = k_{14}; untere Zahl = k_{15}

m		$r = 0.85$					$r = 0.90$						m
		$n = 0.40$	$n = 0.45$	$n = 0.50$	$n = 0.55$	$n = 0.60$	$n = 0.40$	$n = 0.45$	$n = 0.50$	$n = 0.55$	$n = 0.60$		
−0.10	k_{14}	0.231	0.236	0.243	0.250	0.256	0.239	0.247	0.254	0.261	0.268	k_{14}	−0.10
	k_{15}	0.289	0.279	0.269	0.259	0.249	0.291	0.281	0.271	0.262	0.252	k_{15}	
−0.05	k_{14}	0.217	0.224	0.231	0.238	0.245	0.226	0.234	0.241	0.249	0.257	k_{14}	−0.05
	k_{15}	0.278	0.267	0.257	0.246	0.235	0.279	0.269	0.259	0.249	0.238	k_{15}	
0.00	k_{14}	0.204	0.211	0.218	0.226	0.233	0.212	0.221	0.229	0.237	0.245	k_{14}	0.00
	k_{15}	0.266	0.255	0.244	0.233	0.222	0.268	0.257	0.246	0.236	0.225	k_{15}	
0.05	k_{14}	0.190	0.198	0.206	0.214	0.222	0.199	0.208	0.216	0.225	0.234	k_{14}	0.05
	k_{15}	0.255	0.243	0.232	0.220	0.208	0.256	0.245	0.234	0.223	0.211	k_{15}	
0.10	k_{14}	0.177	0.185	0.193	0.202	0.210	0.185	0.195	0.204	0.213	0.222	k_{14}	0.10
	k_{15}	0.243	0.231	0.219	0.207	0.195	0.245	0.233	0.221	0.210	0.198	k_{15}	
0.15	k_{14}	0.163	0.172	0.181	0.190	0.199	0.172	0.182	0.191	0.201	0.211	k_{14}	0.15
	k_{15}	0.232	0.219	0.207	0.194	0.181	0.233	0.221	0.209	0.197	0.184	k_{15}	
0.20	k_{14}	0.150	0.159	0.168	0.178	0.187	0.158	0.169	0.179	0.189	0.199	k_{14}	0.20
	k_{15}	0.220	0.207	0.194	0.181	0.168	0.222	0.209	0.196	0.184	0.171	k_{15}	
0.25	k_{14}	0.136	0.146	0.156	0.166	0.176	0.145	0.156	0.166	0.177	0.188	k_{14}	0.25
	k_{15}	0.209	0.195	0.182	0.168	0.154	0.210	0.197	0.184	0.171	0.157	k_{15}	
0.30	k_{14}	0.123	0.133	0.143	0.154	0.164	0.131	0.143	0.154	0.165	0.176	k_{14}	0.30
	k_{15}	0.197	0.183	0.169	0.155	0.141	0.199	0.185	0.171	0.158	0.144	k_{15}	
0.35	k_{14}	0.109	0.120	0.121	0.142	0.153	0.118	0.130	0.141	0.153	0.165	k_{14}	0.35
	k_{15}	0.186	0.171	0.157	0.142	0.127	0.187	0.173	0.159	0.145	0.130	k_{15}	
0.40	k_{14}	0.096	0.107	0.118	0.130	0.141	0.104	0.117	0.129	0.141	0.153	k_{14}	0.40
	k_{15}	0.174	0.159	0.144	0.129	0.114	0.176	0.161	0.146	0.132	0.117	k_{15}	
0.45	k_{14}	0.082	0.094	0.106	0.118	0.130	0.091	0.104	0.116	0.129	0.142	k_{14}	0.45
	k_{15}	0.163	0.147	0.132	0.116	0.100	0.164	0.149	0.134	0.119	0.103	k_{15}	
0.50	k_{14}	0.069	0.081	0.093	0.106	0.118	0.077	0.091	0.104	0.117	0.130	k_{14}	0.50
	k_{15}	0.151	0.135	0.119	0.103	0.087	0.153	0.137	0.121	0.106	0.090	k_{15}	
0.55	k_{14}	0.055	0.068	0.081	0.094	0.107	0.064	0.078	0.091	0.105	0.119	k_{14}	0.55
	k_{15}	0.140	0.123	0.107	0.090	0.073	0.141	0.125	0.109	0.093	0.076	k_{15}	
0.60	k_{14}	0.042	0.055	0.068	0.082	0.095	0.050	0.065	0.079	0.093	0.107	k_{14}	0.60
	k_{15}	0.128	0.111	0.094	0.077	0.060	0.130	0.113	0.096	0.080	0.063	k_{15}	
0.65	k_{14}	0.028	0.042	0.056	0.070	0.084	0.037	0.052	0.066	0.081	0.096	k_{14}	0.65
	k_{15}	0.117	0.099	0.082	0.064	0.046	0.118	0.101	0.084	0.067	0.049	k_{15}	
0.70	k_{14}	0.015	0.029	0.043	0.058	0.072	0.023	0.039	0.054	0.069	0.084	k_{14}	0.70
	k_{15}	0.105	0.087	0.069	0.051	0.033	0.107	0.089	0.071	0.054	0.036	k_{15}	
0.75	k_{14}	0.001	0.016	0.031	0.046	0.061	0.010	0.026	0.041	0.057	0.073	k_{14}	0.75
	k_{15}	0.094	0.075	0.057	0.038	0.019	0.095	0.077	0.059	0.041	0.022	k_{15}	
0.80	k_{14}	−0.012	0.003	0.018	0.034	0.049	−0.004	0.013	0.029	0.045	0.061	k_{14}	0.80
	k_{15}	0.082	0.063	0.044	0.025	0.006	0.084	0.065	0.046	0.028	0.009	k_{15}	
0.85	k_{14}	−0.026	−0.010	0.006	0.022	0.038	−0.017	−0.001	0.016	0.033	0.050	k_{14}	0.85
	k_{15}	0.071	0.051	0.032	0.012	−0.008	0.072	0.053	0.034	0.015	−0.005	k_{15}	
0.90	k_{14}	−0.039	−0.023	−0.007	0.010	0.026	−0.031	−0.014	0.004	0.021	0.038	k_{14}	0.90
	k_{15}	0.059	0.039	0.019	−0.001	−0.021	0.061	0.041	0.021	0.002	−0.018	k_{15}	
0.95	k_{14}	−0.053	−0.036	−0.019	−0.002	0.015	−0.044	−0.027	−0.009	0.009	0.027	k_{14}	0.95
	k_{15}	0.048	0.027	0.007	−0.014	−0.035	0.049	0.029	0.009	−0.012	−0.032	k_{15}	
1.00	k_{14}	−0.066	−0.049	−0.032	−0.014	0.003	−0.058	−0.040	−0.021	−0.003	0.015	k_{14}	1.00
	k_{15}	0.036	0.015	−0.006	−0.027	−0.048	0.038	0.017	−0.004	−0.025	−0.045	k_{15}	

Tabelle V-5k

Obere Zahl = k_{14}; untere Zahl = k_{14}

m		$r = 0.95$					$r = 1.00$						m
		$n = 0.40$	$n = 0.45$	$n = 0.50$	$n = 0.55$	$n = 0.60$	$n = 0.40$	$n = 0.45$	$n = 0.50$	$n = 0.55$	$n = 0.60$		
−0.10	k_{14}	0.248	0.256	0.264	0.273	0.281	0.257	0.266	0.275	0.284	0.293	k_{14}	−0.10
	k_{15}	0.292	0.283	0.273	0.264	0.254	0.293	0.284	0.275	0.266	0.257	k_{15}	
−0.05	k_{14}	0.235	0.243	0.252	0.261	0.269	0.244	0.253	0.263	0.272	0.282	k_{14}	−0.05
	k_{15}	0.280	0.271	0.261	0.251	0.241	0.282	0.272	0.263	0.253	0.244	k_{15}	
0.00	k_{14}	0.221	0.230	0.239	0.249	0.258	0.230	0.240	0.250	0.260	0.270	k_{14}	0.00
	k_{15}	0.269	0.259	0.248	0.238	0.227	0.270	0.260	0.250	0.240	0.230	k_{15}	
0.05	k_{14}	0.208	0.217	0.227	0.237	0.246	0.217	0.227	0.238	0.248	0.259	k_{14}	0.05
	k_{15}	0.257	0.247	0.236	0.225	0.214	0.259	0.248	0.238	0.227	0.217	k_{15}	
0.10	k_{14}	0.194	0.204	0.214	0.225	0.235	0.203	0.214	0.225	0.236	0.247	k_{14}	0.10
	k_{15}	0.246	0.235	0.223	0.212	0.200	0.247	0.236	0.225	0.214	0.203	k_{15}	
0.15	k_{14}	0.181	0.191	0.202	0.213	0.223	0.190	0.201	0.213	0.224	0.236	k_{14}	0.15
	k_{15}	0.234	0.223	0.211	0.199	0.187	0.236	0.224	0.213	0.201	0.190	k_{15}	
0.20	k_{14}	0.167	0.178	0.189	0.201	0.212	0.176	0.188	0.200	0.212	0.224	k_{14}	0.20
	k_{15}	0.223	0.211	0.198	0.186	0.173	0.224	0.212	0.200	0.188	0.176	k_{15}	
0.25	k_{14}	0.154	0.165	0.177	0.189	0.200	0.163	0.175	0.188	0.200	0.213	k_{14}	0.25
	k_{15}	0.211	0.199	0.186	0.173	0.160	0.213	0.200	0.188	0.175	0.163	k_{15}	
0.30	k_{14}	0.140	0.152	0.164	0.177	0.189	0.149	0.162	0.175	0.188	0.201	k_{14}	0.30
	k_{15}	0.200	0.187	0.173	0.160	0.146	0.201	0.188	0.175	0.162	0.149	k_{15}	
0.35	k_{14}	0.127	0.139	0.152	0.165	0.177	0.136	0.149	0.163	0.176	0.190	k_{14}	0.35
	k_{15}	0.188	0.175	0.161	0.147	0.133	0.190	0.176	0.163	0.149	0.136	k_{15}	
0.40	k_{14}	0.113	0.126	0.139	0.153	0.166	0.122	0.136	0.150	0.164	0.178	k_{14}	0.40
	k_{15}	0.177	0.163	0.148	0.134	0.119	0.178	0.164	0.150	0.136	0.122	k_{15}	
0.45	k_{14}	0.100	0.113	0.127	0.141	0.154	0.109	0.123	0.138	0.152	0.167	k_{14}	0.45
	k_{15}	0.165	0.151	0.136	0.121	0.106	0.167	0.152	0.138	0.123	0.109	k_{15}	
0.50	k_{14}	0.086	0.100	0.114	0.129	0.143	0.095	0.110	0.125	0.140	0.155	k_{14}	0.50
	k_{15}	0.154	0.139	0.123	0.108	0.092	0.155	0.140	0.125	0.110	0.095	k_{15}	
0.55	k_{14}	0.073	0.087	0.102	0.117	0.131	0.082	0.097	0.113	0.128	0.144	k_{14}	0.55
	k_{15}	0.142	0.127	0.111	0.095	0.079	0.144	0.128	0.113	0.097	0.081	k_{15}	
0.60	k_{14}	0.059	0.074	0.089	0.105	0.120	0.068	0.084	0.100	0.116	0.132	k_{14}	0.60
	k_{15}	0.131	0.115	0.098	0.082	0.065	0.132	0.116	0.100	0.084	0.068	k_{15}	
0.65	k_{14}	0.046	0.061	0.077	0.093	0.108	0.055	0.071	0.088	0.104	0.121	k_{14}	0.65
	k_{15}	0.119	0.103	0.086	0.069	0.052	0.121	0.104	0.088	0.071	0.055	k_{15}	
0.70	k_{14}	0.032	0.048	0.064	0.081	0.097	0.041	0.058	0.075	0.092	0.109	k_{14}	0.70
	k_{15}	0.108	0.091	0.073	0.056	0.038	0.109	0.092	0.075	0.058	0.041	k_{15}	
0.75	k_{14}	0.019	0.035	0.052	0.069	0.085	0.028	0.045	0.063	0.080	0.098	k_{14}	0.75
	k_{15}	0.096	0.079	0.061	0.043	0.025	0.098	0.080	0.063	0.045	0.028	k_{15}	
0.80	k_{14}	0.005	0.022	0.039	0.057	0.074	0.014	0.032	0.050	0.068	0.086	k_{14}	0.80
	k_{15}	0.085	0.067	0.048	0.030	0.011	0.086	0.068	0.050	0.032	0.014	k_{15}	
0.85	k_{14}	−0.008	0.009	0.027	0.045	0.062	0.001	0.019	0.038	0.056	0.075	k_{14}	0.85
	k_{15}	0.073	0.055	0.036	0.017	−0.002	0.075	0.056	0.038	0.019	0.001	k_{15}	
0.90	k_{14}	−0.022	−0.004	0.014	0.033	0.051	−0.013	0.006	0.025	0.044	0.063	k_{14}	0.90
	k_{15}	0.062	0.043	0.023	0.004	−0.016	0.063	0.044	0.025	0.006	−0.013	k_{15}	
0.95	k_{14}	−0.035	−0.017	0.002	0.021	0.039	−0.027	−0.007	0.013	0.032	0.052	k_{14}	0.95
	k_{15}	0.050	0.031	0.011	−0.009	−0.029	0.052	0.032	0.013	−0.007	−0.027	k_{15}	
1.00	k_{14}	−0.049	−0.030	−0.011	0.009	0.028	−0.040	−0.020	0.000	0.020	0.040	k_{14}	1.00
	k_{15}	0.039	0.019	−0.002	−0.022	−0.043	0.040	0.020	0.000	−0.020	−0.040	k_{15}	

721/52/64